国家自然科学基金项目（52304148,51534003）

发泡充填料浆流动性及充填体强度演化规律研究

张世玉　著

中国矿业大学出版社

·徐州·

内 容 提 要

　　随着充填系统自动化、智能化水平的提升,阶段矿房嗣后充填法成为安全高效采矿方法之一,在国内外矿山得到了广泛应用。然而对于高阶段嗣后充填采场来说,充填料浆充入采空区后因泌水而使得充填体产生较大体积的沉降,从而导致接顶率低,采场顶板得不到有效支撑,充填采场的稳定性和地表沉陷控制的可靠性降低。为解决这一问题,本书以发泡充填为研究对象,围绕发泡充填料浆流动性及膨胀性能、常温固化发泡充填体强度演化规律和低温固化发泡充填体强度演化规律等方面,结合大量的室内试验、多种表征分析方法和数值模拟,从宏观和微观等角度对多个因素影响机制进行研究。本书研究的发泡充填体对固体废弃物的资源化利用、充填接顶难题解决和更好的地表沉陷控制具有重要的应用指导价值,也可为实现发泡充填的工程应用提供理论研究基础。

　　本书可供采矿工程及相关专业的科研与工程技术人员参考。

图书在版编目(C I P)数据

发泡充填料浆流动性及充填体强度演化规律研究/
张世玉著. —徐州:中国矿业大学出版社,2024.4
　ISBN 978 - 7 - 5646 - 6218 - 9

　Ⅰ. ①发… Ⅱ. ①张… Ⅲ. ①矿山—胶结充填法—填
充物—流动特性—研究 Ⅳ. ①TD853.34

　中国国家版本馆 CIP 数据核字(2024)第 076413 号

书　　名	发泡充填料浆流动性及充填体强度演化规律研究	
著　　者	张世玉	
责任编辑	王美柱	
出版发行	中国矿业大学出版社有限责任公司	
	(江苏省徐州市解放南路　邮编 221008)	
营销热线	(0516)83885370　83884103	
出版服务	(0516)83995789　83884920	
网　　址	http://www.cumtp.com　**E-mail**:cumtpvip@cumtp.com	
印　　刷	江苏淮阴新华印务有限公司	
开　　本	787 mm×1092 mm　1/16　**印张** 8.5　**字数** 217 千字	
版次印次	2024 年 4 月第 1 版　2024 年 4 月第 1 次印刷	
定　　价	48.00 元	

(图书出现印装质量问题,本社负责调换)

前　言

　　采矿活动带来经济效益的同时,还会对环境造成不利影响,如固体废弃物(如尾砂和煤矸石等)和地质灾害(如地表沉降和尾矿坝溃坝)。据统计,我国金属非金属矿山采空区体积约为 12.8 亿立方米,并且每年都在大幅度递增。这些固体废弃物通常堆放在地表的尾矿库,不仅占用大量土地资源,而且易诱发泥石流、尾矿库溃坝等事故。此外,一些尾砂中含有有害元素(如铅等),这些元素进入生态系统后势必会产生严重的环境和社会问题。另外,采空区会导致片帮、冒顶、突水、地震、岩爆、冲击地压、地面沉降、地裂缝等多种矿山灾害,对人员安全和生产设备造成重大危害。可以说,矿山固废与采空区失稳是矿山安全生产的两大难题。

　　充填采矿法因具有矿石损失贫化小、能有效地控制地表沉陷、可改善采场地压和充分利用矿山固体废弃物(如废石、尾砂等)等优点而在国内外金属矿山得以广泛应用。但受充填工艺、采空区形状以及充填料浆自身泌水沉降等影响,胶结充填体在地下采空区中不能完全接顶问题仍未有效解决。

　　为解决此问题,本书以发泡充填为研究对象,基于水膜厚度理论,研究了发泡充填料浆的流动性演化规律。利用 PFC 模拟气泡-固体颗粒的堆积,获取气泡-固体颗粒堆积体系的比表面积,计算发泡充填料浆的水膜厚度,发现水膜厚度与扩展度之间存在较好的幂函数关系,揭示了气泡对发泡充填料浆流动性演化规律的影响机制。利用分形维数表征了常温固化发泡充填体微观孔隙结构特征,发现大于 $100\ \mu m$ 的“有害孔”分布的分形维数与发泡充填体的强度存在线性关系;通过对发泡充填水化机理的研究,优化了胶凝材料物料体系,为固废矿物添加剂应用于发泡充填奠定了基础。基于高海拔高寒地区充填体受低温影响的问题,研究了低温固化发泡充填体在多因素影响下的强度演变规律,发现冻结水、重力水和水化程度等因素的耦合效应决定了冰冻发泡充填体强度,揭示了 NaCl 浓度和预固化时间对低温固化发泡充填体强度演变的影响机制。本书最后利用数值模拟探讨发泡充填高度和不同类型胶结制备的发泡充填体对开采-充填过程中采场顶板和充填体应力、位移分布的影响,同时评估了发泡充填体在试验矿块中的应用效果。

　　在课题研究过程中,任凤玉教授、邱景平教授、丁航行副教授和姜海强副教授提出了很多宝贵的建议,并给予了极大的支持和帮助。赵英良博士、杨磊博士、郭镇邦博士、李广辉博士、张晶博士、周浩硕士、田燕盛硕士、刘杰硕士和刘洋硕士在试验数据的获取和分析方面给予了大力帮助与支持。在此,向他们表示衷心感谢。

关于矿山发泡充填的研究仅仅是一个开始,大量细致的研究工作还有待进一步开展和完善。愿本书的出版能够起到抛砖引玉的作用,让更多的同行开始致力于矿山发泡充填的研究工作,从而为矿山发泡充填技术的进步和工程实践应用作出贡献。

由于能力和水平所限,书中难免存在偏颇与疏漏之处,恳请读者指正。

著　者

2024 年 3 月

目　录

第1章 绪 论

1.1 研究背景

经济的快速发展对矿产资源产生巨大需求,促使矿产资源的开采程度不断加深而产生了诸多问题,比如地表固体废弃物(尾砂、废石)的堆积和地下大量采空区的形成。据统计,我国金属非金属矿山采空区体积约为 12.8 亿立方米,并且每年都在大幅度递增。采空区会导致片帮、冒顶、突水、地震、岩爆、冲击地压、地面沉降、地裂缝等多种矿山灾害,对人员安全和生产设备造成重大危害[1]。金属矿山每年排放的尾矿达 10 亿吨以上,而对金属尾矿的综合利用率则不到 10%[2],大量尾砂堆积地表会造成土壤、空气、水等污染问题。近年来,充填工艺的应用很好地解决了地下采空区形成和地表尾砂堆积的问题,故充填采矿法被认为是有效且环保效果较好的开采方法[3-4]。

目前,矿山中常用的胶结充填体是以水泥作为胶结剂、尾砂作为骨料,制备 60%～75% 固体质量浓度的充填料浆充至井下采空区凝结而形成的[5]。由于料浆中含有大量的自由水,在充填体凝结过程中,固体颗粒沉降,迫使多余的水排出,从而导致充填体体积的缩小,这种现象在充填采场中的宏观表现为充填体难以接顶。此时,采场充填体无法保证上覆顶板在受到较大载荷时的稳定性[6-8],不利于顶板上大规模机械化作业,而且会引起整体开采区域地表下沉。然而从大量的工程实践中也总结出了一些常用的提高充填体接顶率的措施:① 提高充填料浆浓度;② 提高料浆排水速度,多次充填;③ 提高下料点高度及进行多点下料等[9]。这些方法虽然能一定程度上提高充填体接顶率,但实际操作及管理工作较为烦琐,很难达到理想的效果。鉴于传统充填体排水自缩的特性,张雄天在充填料浆中加入发泡剂使得充填体具备多孔结构,控制膨胀率使得充填体与顶板紧密接触且保证充填体具有维护采场稳定性所需的强度。相对普通充填体,多孔结构对于爆破冲击波的吸收效果相对较好[10],这表明提高充填体自身的膨胀性能而减少体积沉缩,即制备出具有膨胀特性的充填体来提高充填体接顶率是可行的[11-14]。因此,发泡充填体的研究对于尾砂的资源化利用、地表沉陷控制和充填效果提高等方面具有重要意义。

1.2 国内外研究现状

发泡充填体通常是在普通充填料浆中加入发泡剂,获得多气泡充填料浆经固化而形成的。发泡充填料浆的流动性影响其管道输送性能,同时固化后的强度性能影响其在采空区的充填效果。一般来说,发泡充填体的孔隙率较大,与普通充填体相比,其强度下降明显。为保证其在大孔隙率下孔隙尺寸相对均匀,避免气泡在浆体中上升、融合过快而形成的"危害孔",同时在固化短期内获得所需的强度,发泡充填体的灰砂比会相对较大,而这势必会增加充填成本,降低其广泛适用的可能性。针对这种问题,采用多种铝硅酸盐固体废弃物作为矿物添加剂替代部分水泥,同时依靠水化反应的碱性环境激发铝硅酸盐材料而提高反应活性成为较好的解决方法之一。此外,随着地表生态脆弱的高纬度高寒地区矿床投入开采,发泡充填体在此地域内的应用也相应受到关注。

1.2.1 充填料浆流动性能

1.2.1.1 浆体的流动性能

对于普通充填料浆来说,影响其流动性的主要因素有温度、胶结剂含量、固体颗粒尺寸、固体质量浓度、矿物添加剂以及化学添加剂[15]等,且常常用扩展度表示料浆的流动性,国内学者已经进行了大量的研究。Yang 等[16]研究了不同固体质量浓度(65%、66%、68%和70%)和不同减水剂类型(萘系、醚基和酯基聚羧酸酯)及剂量(0 和 0.5%)对胶结料浆流动性影响,结果表明,萘系减水剂对浆体流动度的增益效果最好,且增加的减水剂剂量会加大减缓由于固体质量浓度增大而导致的流动度下降的程度。Guo 等[17]研究了减水剂添加量对含超细尾砂料浆流动性的影响,结果表明,随着减水剂用量的增加,由于减水剂的去絮团效果改善了絮团粒度分布,固体颗粒整体堆积密度显著增加。由于高含水量减弱了减水剂的影响,含超细尾砂料浆的扩展度可以用水膜厚度的指数形式表示。当然,添加减水剂的超细尾砂料浆中仍存在絮团,在此条件下,絮团水膜厚度是控制超细尾砂料浆流动性能的唯一因素。Qiu 等[18]研究了不同水灰比、固体质量浓度和尾砂特性对料浆流动性的影响,引入堆积密度和水膜厚度(WFT),进而研究两者与流动度的关系。结果表明,固体颗粒(水泥+尾矿)体系的堆积密度随着胶结剂用量的增加而减小,其原因是疏松和楔入效应增大,粒径分布宽度减小;固体含量的增加使料浆的水膜厚度明显减小,而胶结剂用量对水膜厚度的影响不明显。在一定的固体颗粒比表面积范围内,堆积密度通过过量水灰比影响料浆的流动性。料浆的流动扩散直径随过量水灰比和水膜厚度的增大而线性增加。研究还发现,水膜厚度是影响料浆流动性的最重要的参数。Qiu 等[19]研究了不同细度的骨料对料浆流动性的影响。骨料选用的是超细颗粒(小于 20 μm)含量分别为 33.9%、44.16%、54.42%、64.48%和74.94%的人工尾砂。结果表明,随着骨料细度的增大,料浆的堆积密度不断减小,固体颗粒之间的孔隙不断增加。在固体质量浓度分别为 68%、69%、70%和71%时,水膜厚度均减小,扩展度先缓慢减小后迅速减小,浆体扩展度与水膜厚度之间呈现一定的指数函数关系。Hallal 等[20]研究了矿物添加剂与减水剂的耦合效应对料浆流动性的影响,以石灰石水泥和火山灰水泥作为矿物添加剂替代普通硅酸盐水泥,按胶结剂质量的 0.4%、0.6%、0.8%、1.0%、1.5%和2%分别添加聚萘磺酸盐和密胺树脂两种减水剂,测试其流动度。结果表明,在饱和配比范围内,石灰石水泥相对火山灰水泥具有较高的流动性,1 h 后扩展度损失小。聚萘磺酸盐减水剂与 C_3A 含量高的水泥或碱含量高的水泥混合时互不相容。此外,石灰石粉是较好的矿物添加料,当它代替一部分水泥时,由于稀释作用,表现出更好的流动性。

1.2.1.2 浆体的流变特性

除扩展度外,流变参数(剪切屈服应力和表观黏度)在一定程度上也可以表示料浆的流动行为,且国内外学者在考虑时间效应的条件下研究了诸多因素(胶结剂类型及含量、固体颗粒尺寸、矿物添加剂、养护温度、化学添加剂和固体质量浓度)对流变行为的影响。Kou 等[21]以碱激发矿渣为胶结剂,研究了不同胶结剂含量、硅酸钠摩尔比(指"物质的量"之比)、矿渣细度和养护温度对料浆流变性能的影响。结果表明,碱激发矿渣基料浆随着胶结剂含量的增大,剪切屈服应力和表观黏度随着时间延长增速加大,而提高硅酸钠的摩尔比则会降低流变参数的增速。采用颗粒较细的矿渣不仅会使剪切屈服应力和表观黏度具有较大的初始值,而且后续增速也相对较大。同时还发现,与普通硅酸盐水泥料浆相比,养护温度对碱激发矿渣基料浆的流变行为影响较大,上述的试验现象均与胶结剂在不同条件下的水化速率有关。Roshani 等[22]研究了不同养护温度对含纳米二氧化硅料浆流变行为的影响。结果表明,35 ℃下料浆的剪切屈服应力和表观黏度明显高于 20 ℃和 2 ℃时的,纳米二氧化硅的添加和较高的温度两者的耦合作用导致了剪切屈服应力和表观黏度增大。Zhao 等[23]研究了固体颗粒尺寸和养护温度对含铁尾砂料浆的流变性能影响。结果表明,含铁尾砂替代一部分水泥会降低料浆的剪切屈服应力和表观黏度且剪切屈服应力和表观黏度随着铁矿颗粒尺寸的减小而增大。养护温度越高,料浆的流变参数越大。Peng 等[24]研究了硫酸盐对料浆流变性能的影响,以石英砂和多金属矿尾砂为骨料,硫酸盐含量分别为 0、5×10^{-3}、1.5×10^{-2} 和 2.5×10^{-2},测试料浆在 0 h、0.15 h、1 h、2 h 和 4 h 的剪切屈服应力和表观黏度。结果表明,初始硫酸盐浓度对料浆的流变性能有显著影响,初始硫酸盐浓度可引起不同的微观结构或化学变化,如抑制水泥水化过程或影响颗粒间的排斥力。这些变化显著影响料浆的剪切屈服应力和表观黏度。更具体地说,随着初始硫酸盐浓度的增加,屈服应力呈下降趋势,而表观黏度呈相反变化趋势。Ouattara 等[25]研究了减水剂类型及掺量、胶结剂类型及掺量和尾砂特性对料浆流变性能的影响,选用了 2 种尾砂骨料、3 种胶结剂(100%普通硅酸盐水泥、80%矿渣+20%普通硅酸盐水泥、50%粉煤灰+50%普通硅酸盐水泥)和 5 种减水剂(3 种基于聚羧酸酯减水剂、1 种基于三聚氰胺减水剂和 1 种基于聚萘烷减水剂)。结果表明,减水剂的加入降低了料浆的流变参数(屈服应力和表观黏度);随着减水剂添加量增大,料浆的流变行为从剪切增稠变为宾厄姆流体;减水剂最佳用量为 0.121%,此时可保证料浆的屈服应力小于 200 Pa;胶结剂的用量在 3.5%～6%范围内对减水剂的性能影响不大。

1.2.1.3　水膜厚度理论

水膜厚度理论多用于混凝土领域,在浆体系统中添加的水被分为两部分,即空隙填充水和过量水。过量水包裹在颗粒表面形成水膜[17-19,26-29]。Wong 等[28]制备了一系列包含不同含量的水泥、粉煤灰、硅粉及水的水泥净浆,并测试其流变性能,提出了一个新的指标:过量水量与比表面积之比(即水膜厚度)用来评价水含量、堆积密度、固体比表面积对水泥净浆流变性能的耦合效应。试验结果表明,水膜厚度是控制水泥净浆流变参数最重要的参数。Kwan 等[30]研究了超细水泥和硅灰对胶凝材料堆积密度的影响,同时也研究了堆积密度与水膜厚度对水泥净浆流变性及强度的影响。结果表明,加入超细水泥或硅灰可以显著增加堆积密度和水膜厚度,从而极大地改善水泥浆的流变及强度性能。Kwan 等[31]研究了水膜厚度(WFT)与浆体膜厚度(PFT)的耦合效应对砂浆流变性、黏结性的影响。研究结果表明,尽管 WFT 是控制砂浆流变性的最重要因素,但 PFT 也具有显著效果。特别地,PFT 对砂浆的黏结性具有一定的影响,在砂浆设计中应适当考虑这些影响。Ghasemi 等[32]基于不同的水泥类型、骨料级配、骨料形状、细度和比例制备了砂浆及混凝土,研究了水膜厚度对砂浆和混凝土流动性的影响,且利用多余水层理论将混凝土稠度与砂浆稠度关联起来。研究结果表明,可以根据浆体的水膜厚度对其流动性进行预测。Kwan 等[33]制备了一系列砂浆混合物(不同浆体体积和石灰石含量),测量了堆积密度、流动性、黏结性等指标。结果表明,WFT 与 PFT 是控制砂浆性能的主要因素,且掺入石灰石粉末影响砂浆性能的主要原因是WFT 减小及 PFT 增加的耦合效应。

1.2.1.4　发泡充填料浆

对于发泡充填料浆而言,浆体的流变特性参数影响气泡的上升与融合,进而影响气泡在料浆中的分布形态。根据 Liu 等[34]的研究,如果气泡在浆体中保持稳定的形态,其需满足公式 $PV=nRT$。分布在浆体上下两个位置的气泡如图 1-1 所示,其所受的浆体压力分别为 P_1 和 P_2,气泡半径为 r,两个气泡上下位置的高度差为 Δh,此时,浆体的剪切屈服应力为 τ,若两个气泡保持相对稳定,则需满足以下条件:

$$(P_2 - P_1 - \rho g \Delta h)\pi r^2 = 2\pi r \Delta h \tau \tag{1-1}$$

$$\tau = \frac{(P_2 - P_1 - \rho g \Delta h)r}{2\Delta h} \tag{1-2}$$

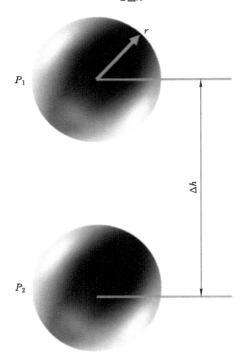

图 1-1　气泡分布示意图

通过以上分析可知,气泡在不同的剪切屈服应力条件下会发生不同的扩张与移动,从而影响浆体的流动状态。而气泡多在相对平衡的条件下发生体积的变化,故需对单个气泡进行受力分析。如图 1-2(a)所示,当气泡处于体积扩张状态时,黏结力 F 和气泡重力 G 之和小于气泡内部的压力 P,即 $F+G<P$;当气泡处于稳定的状态时,$F+G=P$。若考虑温度条件,当温度降低时,气泡的体积会有所收缩,此时气泡受力如图 1-2(b)所示,有 $G=F+P$;若

$G > F + P$,则气泡会发生破裂,浆体在后续固化过程中会发生塌模的现象。因此,浆体的流变性能对气泡的形态及稳定性有很大的影响,反过来气泡的分布形态也会影响浆体的流动性。关于多因素影响发泡充填料浆的流动性能,学者们也做了一些研究工作。

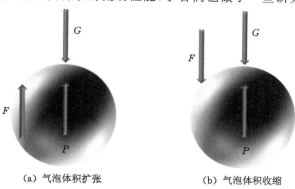

（a）气泡体积扩张　　　　　　　（b）气泡体积收缩

图 1-2　气泡受力状态

史采星等[35]利用自膨胀材料制备发泡充填体,研究了充填浓度为 71%、73%、75%,灰砂比为 1∶2、1∶4、1∶6,自膨胀材料添加量为 3%时发泡充填料浆的流动性及膨胀率。结果表明,当充填料浆的浓度与灰砂比相同时,添加自膨胀材料的充填料浆的扩散度比未添加时略小,这主要是因为充填料浆中添加 3%的自膨胀材料使浓度略微增大,从而导致扩散度减小,但减小量很小,说明添加 3%的自膨胀材料对充填料浆的流动性能影响不大。在相同灰砂比条件下,充填体膨胀率随充填浓度的增加略有降低,主要原因是在灰砂比一定的条件下,充填体强度随充填料浆浓度的增加而增大,由于产生的气体量一定,充填体膨胀效果减弱。于清军等[14]利用过氧化氢制备发泡充填体,研究发泡充填料浆的膨胀性能。结果表明,发泡剂添加比例对充填体膨胀率有较大影响,3.75%～8.75%的发泡剂添加量可以使不同浓度的充填试样产生 −2.97%～16.54%的膨胀率;料浆浓度对充填体膨胀率也有一定影响,灰砂比与膨胀率之间关系不明显。张月侠[36]对充填料浆的坍落度进行测试,初步选择利于输送的充填料浆的浓度,测试结果显示:充填料浆的坍落度随浓度的增大逐渐减小,当浓度大于 82%时,料浆成糊状,不利于料浆的管道自流输送;当料浆浓度小于 67%时,分层离析严重;当料浆浓度为 67%～76%时,料浆的流动度在 22～28 cm 之间,流动性能好;向料浆中加入过氧化氢,坍落度因料浆发生膨胀而变小,考虑过氧化氢加入使料浆变稠,初步设计料浆浓度为 67%～73%。沙学伟[37]基于发泡充填材料的种类及基本性质对料浆流动性进行研究,发现当扩展度在 18～20 cm 时,料浆具有良好的流动性,发泡剂能有效降低料浆的扩展度,减少料浆的离析现象;充填料浆的泌水沉缩特性是导致充填体不接顶的主要因素之一,质量浓度为 62%的充填料浆,最大泌水率为 18.0%,沉缩率为 9.0%;发泡剂添加量与充填膨胀性在一定范围内基本呈线性关系,发泡剂添加量为 5%～10%时,充填试样产生 −4.39%～18.37%的膨胀率。发泡剂具有提高料浆的流动性、膨胀性、质量浓度以及减小泌水率的作用,但其膨胀时间远小于管道输送时间,因此需要靠近采空区进行充填。

1.2.2　常温固化充填体强度性能

单轴抗压强度是表征固化充填体力学性能直接且最简便的指标之一[38],其受诸多因素的影响,比如固体质量浓度、胶结剂类型及含量、固体颗粒尺寸、矿物添加剂类型及含量、化学添加剂类型及含量、养护条件以及测试条件等[39]。Fall 等[40]研究了尾砂粒径和密度对固化充填体强度的影响。结果表明,尾砂粒径,特别是细粒($<20~\mu m$)的掺量对固化充填体的孔隙率、内部孔隙分布和强度发展有显著影响。充填体的整体孔隙率不仅影响充填体的强度,而且其分布对充填体的强度发展起着决定性作用。Qiu 等[19]研究了不同尾砂细度对固化充填体强度的影响。结果表明,随着尾砂细度的增加,充填体的单轴抗压强度显著降低,最高降幅可达 54.42%。随着尾砂细度的进一步增加,强度保持不变或略有增加。尾砂细度越高,总孔隙率越大,临界孔径越小。此外,随着孔隙细化指数的提高,充填体的单轴抗压强度呈线性增加。Benzaazoua 等[41]研究了尾砂的物理和化学特性、胶结剂类型及含量、硫酸盐含量和固体质量浓度对固化充填体强度的影响。结果表明,尾砂的物理化学特性通过影响固化充填体的水化速率和孔隙结构对其强度产生影响。水的化学性质及含量,尤其是可溶性硫酸盐的浓度均对充填体的强度发展有相当大的影响。胶结剂类型和含量的影响主要是通过水化产率及水化产物的生成量来体现的。Fall 等[5]研究了养护温度(2 ℃、20 ℃、35 ℃和50 ℃)和充填体组成对充填体强度的影响。结果表明,养护温度对充填体的力学性能有重要影响。此外,温度对这些性能的影响取决于胶结剂类型、固体质量浓度、尾矿类型和养护时间。Yin 等[42]研究了固体组分对固化充填体强度的影响。基于料浆的稠度,78%可能是固体含量的临界值。充填体的强度随着固体质量浓度的增加而增大。固体含量为80%的充填体试样在养护28 d时的最大单轴抗压强度为 7.26 MPa。随着胶结剂比例的增加,试样长期力学性能显著提高。胶结剂含量为 8.33%的充填体试样的强度比胶结剂含量为 6.25%的试样大 5 倍。加入粗矿渣会削弱充填体的力学性能。不加矿渣试样的强度几乎比加 25%粗矿渣试样的强度大 2 倍。Koohestani 等[43]研究了纳米二氧化硅的添加对固化充填体强度的影响。结果表明,加入约 5%的正硅酸四乙酯和 0.5%的醚基聚羧酸高效减水剂可使充填体获得最佳的强度。随着胶结剂用量的减少,纳米二氧化硅的正效应更加明显。在含纳米二氧化硅的充填体中加入减水剂,既改善了混合料浆的稠度,又改善了固化充填体的抗压强度。Li 等[44]探究了硫酸盐浓度($0、5\times10^{-3}、1.5\times10^{-2}$ 和 2.5×10^{-2})对固化充填体早期强度的影响。结果表明,硫酸盐对充填体的早期强度有显著影响。在早期,硫酸盐可产生负面影响,即导致充填体强度的降低。这些影响的大小取决于初始硫酸盐浓度。硫酸根离子对水泥水化的抑制是充填体强度下降的主要原因。钙矾石的形成、孔结构的改变和 C—S—H 凝胶对硫酸盐的吸附是影响充填体强度的附加负面因素。韦寒波等[45]研究了不同粉煤灰掺量、胶凝材料用量和料浆浓度对固化充填体强度的影响。结果表明,粉煤灰掺量、胶凝材料用量、料浆浓度对充填体 3 d、7 d 和 28 d 抗压强度影响水平各不一样,胶凝材料用量及料浆浓度影响更为显著,明显干扰粉煤灰掺量对抗压强度的影响,当粉煤灰掺量为 30%时各龄期的抗压强度均达到最大,28 d 抗压强度可达 8.58 MPa。刘树龙等[46]研究了用矿渣作为主要胶凝材料对充填体力学性能的影响。结果表明,以高炉矿渣为主要原料制备的新型充填胶凝材料水化产物主要由钙矾石和 C—S—H 凝胶组成,随着养护龄期的增加,充填体内部水化产物不断生成且紧密连接形成网状结构,使充填体宏观表现出良好的强度性能。综上可知,这些因素对固化充填体强度的影响总结起来是通过影响其微观孔隙结构和水化速率来实现的,而学者们对此得到了许多研究成果。

Sun 等[47]分析了固体质量浓度、细矸石掺量和粉煤灰掺量对固化充填体工作性能和强度的影响,采用响应面法、多目标多元优化法和期望函数法进行了配比优化。结果表明,当质量浓度为 79.65%、细矸率为 57.19%、粉煤灰掺量为 15.67% 时,可获得最佳效果。新的混合工艺使粉煤灰具有更强的活性,能够促进早期水化硅酸钙凝胶的形成,并提高骨料的形成强度。后期非晶态水化铝酸钙凝胶包覆在钙矾石与碳酸钙之间形成絮凝结构,并逐渐形成缩合结晶结构。Chen 等[48]研究了氯离子浓度 0、5‰、10‰、20‰、30‰ 和 40‰ 时对含煤矸石胶结充填体强度的影响。结果表明,氯离子对固化充填体的早期强度有显著影响。在早期,氯离子对充填体的强度既有积极作用,也有消极作用,初始氯离子含量为 10‰ 时固化充填体强度增加,初始氯离子含量为 40‰ 时固化充填体强度降低。这些积极或消极的影响主要取决于充填体中氯化物的初始浓度。产生这一特性的主要原因是氯离子对水泥水化的促进或抑制作用。影响固化充填体强度的主要因素是孔体积与所形成的水化硅酸钙凝胶、钙矾石、弗里德尔盐的量之间的关系。Qiu 等[19]研究了不同骨料颗粒细度对固化充填体微观结构的影响,结果表明,尾矿细度越高,总孔隙率越高,临界孔隙直径越小。Liu 等[49]研究了灰砂比对固化充填体微观孔隙结构的影响,结果表明,随着灰砂比的增加,充填体孔隙率减小,力学特性增强。充填体的灰砂比对孔隙分布分形维数也有影响。当灰砂比从 1:12 增加到 1:4 时,分形维数有减小的趋势。孔隙尺寸差异减小,孔隙分布曲线逐渐呈圆形。不同灰砂比的充填体的概率熵均大于 0.93,孔隙分布无明显的方向性。Liu 等[50]研究了不同硫含量对充填体微观结构的影响,结果表明,硫含量对充填体的孔隙特性起着至关重要的作用,硫含量从 6.1% 增加到 25% 时,孔隙率先从 9.5% 降低到 8.2%,再从 8.2% 增加到 12.89%。

自 1824 年普通硅酸盐水泥发明以来,其一直被用作建筑领域的核心水硬性胶凝剂。水泥生产排放的 CO_2 约占人为 CO_2 排放量的 5%~8%,其不断增长的趋势加剧了温室效应对全球气候的影响[51-52]。因此,为了实现水泥生产中的低碳节能,人们采用了一些铝硅酸盐原料(如矿渣和粉煤灰等)作为矿物添加剂[53],因其成本较低而被广泛应用于矿山采空区的充填。众多学者在增加矿物添加替代水泥比例方面做了大量的研究工作。

现阶段总结起来矿物添加共有两类:一是铝硅质材料作为矿物添加剂替代一部分水泥;二是碱性激发铝硅质材料完全替代水泥。除生石灰、石灰石和石膏外,其余的矿物添加剂均具有比水泥小的含钙比例。不同元素的含量会影响矿物添加剂本身的活性,决定部分替代或完全替代水泥后的胶凝特性,进而影响充填体的力学性能[54]。

Zhao 等[55]研究了超细矿渣的添加对大掺量粉煤灰-水泥基材料水化性能的影响,结果表明,超细矿渣具有较高的活性,能够提高胶凝系统的水化速率,促进水化产物的形成。Wang 等[56]研究了钢渣和高炉矿渣作为矿物添加剂对水泥基材料的影响。结果表明,与高炉矿渣相比,钢渣具有使水泥基材料凝结时间延缓和水化热降低的负面作用,由钢渣和高炉矿渣组成的矿物添加剂比粉煤灰更能有效地降低混合胶凝系统的早期水化热。钢渣和高炉矿渣在许多性能上是互补的,以合适的比例掺和钢渣和高炉矿渣可以得到一种理想的混合矿物添加剂。Fernández 等[57]研究了矿渣、粉煤灰和石灰石在两掺时对水泥基水化的影响,结果表明,在低碱和低铝酸盐含量的水泥基混合物中,在水化后期形成了单碳铝酸盐、半碳铝酸盐和水滑石,而不是单硫型化合物。然而,随着水泥基中铝酸三钙含量的增加,单碳铝酸盐可以在更早的时间形成,这可能会限制整体固化水泥基材料强度的增长。由于矿渣、粉煤灰和石灰石初始溶解的碱性低于水泥,故其参与的水泥基混合材料孔隙溶液的 pH 略低,初期水化速率稍慢。随着养护龄期的延长,水泥基混合材料中生成的 C—S—H 凝胶铝含量较高,但钙/硅比率相对较低。Wang[58]研究了粉煤灰掺入对水泥水化的影响,其主要起到稀释效应和化学效应的作用。稀释效应是粉煤灰取代水泥的结果,导致水灰比增加。化学效应为矿物添加剂与氢氧化钙发生火山灰反应。粉煤灰与氢氧化钙的化学计量比与粉煤灰替代率有关。对于低灰砂比,高掺量粉煤灰的水泥粉煤灰基体稀释效应显著得多,水泥的水化程度显著提高,但整体上水化产物减少。Deschner 等[59]研究了两种不同的低钙粉煤灰对掺量为 50％(质量分数)的普通硅酸盐水泥浆体 550 d 水化的影响。将结果与含有 5％惰性石英粉末的普通硅酸盐水泥的共混物进行比较,以区分"填充效应"和火山灰反应。水化 2 d 时,没有检测到粉煤灰反应的迹象,其对水化的影响主要与"填充效应"有关。水化 7 d 时,火山灰反应的影响可以通过氢氧钙石的消耗、孔隙溶液化学的变化和水化产物的增多观察到。与纯水泥水化生成的 C—S—H 凝胶相比,混合基体生成的 C—S—H 凝胶具有较高的铝/硅比率。

在碱活化硅铝质胶凝材料方面进行的研究工作表明,这种新型胶凝材料很可能成为水泥的完全替代品。常用的碱性激发剂有:① 强碱性激发剂(MOH);② 弱酸性激发剂(M_2CO_3,M_2SO_3,M_3PO_4 和 MF);③ 硅酸盐激发剂($M_2O \cdot nSiO_2$);④ 铝酸盐激发剂($M_2O \cdot nAl_2O_3$);⑤ 铝硅酸盐激发剂[$M_2O \cdot nAl_2O_3 \cdot (2 \sim 6)SiO_2$];等等。根据 Glukhovsky 等[60]的研究,碱活化的机理由破坏-聚合的化学反应组成,包括将原材料破坏成非稳定的结构单元,然后与凝聚结构相互作用生成最终的聚合结构。常常根据所用的硅铝质材料元素含量,将碱激发反应分为 Si+Ca 和 Si+Al 胶凝系统,但也有多种原料相互掺杂形成 $CaO-Al_2O_3-SiO_2$(Si+Al+Ca)胶凝系统。胶凝系统中可参与反应的元素比例影响水化产物的生成量,也会影响水化凝胶产物 C—(A)—S—H 的元素组成。因此,常用于碱性激发的原材料有:① 高岭土[61-64];② 偏高岭土[65-67];③ 粉煤灰[68-69];④ 矿渣[70-73];⑤ 粉煤灰和矿渣的二元混合物[74-75];⑥ 粉煤灰和高岭土的二元混合物[76];⑦ 矿渣和偏高岭土的二元混合物[77];⑧ 矿渣和赤泥的二元混合物[78-79]。

碱激发胶凝材料具有很好的胶凝性能,但由于氢氧化钠/硅酸钠等碱性激发剂生产的能耗高和强碱性溶液对地下水的污染,在实际应用中其不太可能得到广泛应用。近年来,人们提出并利用生石灰(CaO)活化来提高铝硅酸盐材料的活性。Shi[80]研究发现,在 28 d 前,使用生石灰比使用熟石灰的氢氧钙石消耗率高,但此后没有观察到差异。用生石灰配制的火山灰水泥比用熟石灰配制的水泥具有更高的强度,也说明生石灰激发火山灰反应效果明显。Antiohos 等[81-82]也证实了生石灰对粉煤灰碱激发反应的有效性。Ding 等[83]研究发现生石灰的添加有利于提高火山灰反应的水化速率。由于矿渣相对粉煤灰和高岭土等是较易获取的矿物添加剂,且活性较高,故其常用于与其他类型外加剂按一定配比组合替代水泥。同时,为增加早期水化速率,提高充填体早期强度,石膏废料(脱硫石膏和磷石膏)也是较为理想的辅助添加剂[84-89]。此外,铝灰也是一种潜在的类似于粉煤灰的含铝较高的工业副产物。制造铝的过程中大约可以产生 3％的铝灰,因此,大型铝厂每年产生的铝灰数量是十分巨大的,这些铝灰废料的堆积不仅造成了资源的浪费、占用土地,同时也造成了环境污染[90]。因此,以生石灰和矿渣作为基本原料,含铝矿物(粉煤灰/铝灰)作为次级原料,脱硫石膏/磷石膏作为辅助添加剂,替代水泥用于制备发泡充填体,从而降低充填成本具有重要意义。

对于常温固化发泡充填体的强度规律,学者们也做了一些研究工作。张雄天[10]研究了料浆浓度、灰砂比、养护龄期、发泡剂添加比例等因素对发泡充填材料强度形成的影响情况，结果表明，发泡剂添加量对充填体强度的形成影响非常明显。当发泡剂添加比例为 3% ～ 6% 时，能取得较好的效果。史采星等[35]研究了发泡充填体固化强度的优化配比，结果表明，在充填料浆浓度为 73%、灰砂比为 1：4、膨胀材料添加量为 3% 时，充填体体积膨胀率为 22%～23%，充填体强度约为 2.0 MPa，满足接顶充填工艺要求。张月侠[36]对发泡充填体固化后的力学性能及微观结构进行研究，结果表明，灰砂比和过氧化氢加入量对充填体强度的影响较大。灰砂比大，则强度高。过氧化氢通过孔结构影响充填体强度，过氧化氢加入量小，则孔径小、形态规整、孔壁光滑，充填体强度较大；过氧化氢加入量大，则孔径大，多连通孔等有害气孔，充填体抗压强度大大降低。马池艳[91]通过温度对发泡充填体膨胀率及强度的影响研究发现，养护温度与膨胀率和强度都呈正比关系，由此可以预测，在一定范围内充填体温度越高，其强度也越高。

1.2.3 低温固化充填体强度性能

"十三五"期间，由中国安全生产科学研究院牵头承担的国家重点研发计划"高海拔高寒地区金属矿山开采安全技术研究与装备研发"项目启动，旨在建立冻融循环条件下岩土体灾变孕育及控制理论，开发环境友好型金属矿山安全开采及固废处置技术，形成高海拔高寒地区金属矿产资源安全高效开采及灾害防治理论体系。在高海拔高寒地区的地下矿山中，冬季浅层充填体会冻结，充填体内部的孔隙水结冰之后体积会增加约 9%[92]，这会导致内部孔隙结构的破坏，且随着季节的变化，地下充填体会受到周围温度变化（类似于冻融循环）的影响。在充填法广泛运用于地下矿山开采的背景下，高寒地区充填采矿也将会普遍实施，对低温发泡充填体的研究具有潜在的指导意义。

关于低温冰冻的土体的研究最早出现于冻土层[93]，冻土的强度主要由以下三个部分组成，冰的强度（内聚力）、土颗粒之间的摩擦力与内聚力以及冰-土颗粒之间的黏结力[94-95]。其中，冰的强度由温度和应变速率决定；土体提供抵抗阻力中的摩擦和内聚部分；冰-土颗粒作用产生的强度增强效应表现为三个方面：土颗粒的存在增加了冰的强度，冰的"胶结"作用提高了土体的强度，未冻水膜的拉张力提高了有效正应力。影响冻土强度的因素可分为两类，内部因素和外界因素。内部因素包括土壤的类型与矿物成分、颗粒的级配、密度、含水量等；外界因素有温度、加载速率等。冻土中的含水量（冰与未冻水的总含量）是决定冻土强度的最重要影响因素之一。Sayles 等[96]分析了 -10～-55 ℃ 温度范围内冻土中的含水量对三种饱和冻土（粉砂土、黏质粉土和黏土）的强度的影响。试验结果表明，在低含水量的条件下，冻土的强度要高于相同温度和加载速率条件下多晶冰的强度，且随着含水量的增加强度下降，并逐渐低于冰的强度；而在高含水量的条件下，冻土的强度随含水量的增加而增加，并逐渐接近冰的强度。Neuber 等[97]通过比较 -0.55～-9.44 ℃ 条件下冻结砂土与冻结萨菲尔德黏土的强度得到，在相同温度下冻结砂土的强度是冻结萨菲尔德黏土强度的 4 倍。冻结砂土中颗粒的粒径和形状越粗大，土颗粒之间的摩擦阻力越大，这样土体的整体强度就越大。同时，他们还认为未冻水的存在会弱化冻结细颗粒土的强度。

充填体与土体成分类似，在多种条件下表现出相似的特性。在室温下，充填体经历了水化产物填充孔隙的过程[98-102]，而冰冻充填体中的现有孔隙几乎被冷冻水占据[103]。孔隙填充作用有助于增加充填体的力学性能，而增加的孔隙冰体积使充填体更具有脆性和延性[104]。常温下水化的充填体主要含有孔隙水、水化产物、未水化胶结剂和充填骨料,而低温冰冻条件下胶结剂水化速率受低温的影响大大减缓,水化产物减少,冻结水(孔隙冰)增多。这种内部组成的差异影响着充填体的内部微观结构进而改变其力学特性,国内外学者对此也做了一些研究。

Chang[104]研究了低温条件下硫酸盐浓度对固化充填体力学和变形特性的影响。结果表明,对于不含硫酸盐的充填体,当养护时间达到 90 d 时,其强度值可达同龄期常温养护充填体强度的 3 倍,且冰冻充填体的强度增加速率较大,30 d 内能够达到 90% 的强度;冰冻充填体试样在压缩过程中没有观察到明显的破坏面,在初始屈服点之后普遍出现应变硬化现象。冰冻充填体的力学行为和性能与混凝土或常温养护胶结充填体不同,但与冻土的力学行为和性能基本一致。冰冻充填体试样的应力-应变关系也显示出一种通常在冻土中存在的延性行为。对于含硫酸盐的冰冻充填体来说,硫酸盐的存在可导致初始强度和峰值强度降低。造成这种现象的原因被认为与硫酸盐侵蚀没有太大关系,而是由于孔隙溶液的冰点下降导致的水含量增加。胶结剂类型的影响被认为是无关紧要的,因为水泥水化在很大程度上受到抑制。Hou 等[105]研究了温度(20 ℃、0 ℃、−5 ℃和−15 ℃)和胶结剂含量(3%、5% 和 7%)对充填体力学特性的耦合作用。结果表明,与常温固化的充填体相比,由于冻结温度下结冰和水化反应的抑制,冰冻充填体同时表现出较高的强度和较差的微观结构。冰冻后充填体的变形行为表现为延性或轻微的应变软化行为,这与温度和养护时间有关。此外,黏结剂含量的影响受冷冻温度的限制较大,黏结剂含量对−15 ℃固化充填体的力学性能影响不大。而当温度升高到−5 ℃时,较高的黏结剂含量导致未冻水含量增加,从而导致充填体强度降低。Jiang 等研究了不同盐(氯化钠)含量(0 g/L、5 g/L、35 g/L 和 100 g/L)对冰冻充填体强度特性的影响。结果表明,盐含量的增加会导致冰冻充填体强度的显著降低,因为盐含量越高,充填体中的未冻水就越多,从而导致其强度下降;随着盐含量的增加,未冻水含量增加,冰冻充填体试样的应变软化行为转变为高浓度氯化钠时的应变硬化行为。同时,随着固化时间的延长,由于胶结剂水化作用的持续,试样早期(7 d)的应变硬化行为转变为后期(90 d)的应变软化行为。另外,胶结剂水化产物受盐含量的影响,C—S—H 凝胶对 Na$^+$ 的吸附导致不同氯化钠浓度下冰冻充填体试样强度的下降。

冰冻充填体的强度大致可以分为三部分[106]:① 冻结水(孔隙冰)的强度;② 充填体的强度;③ 冰与充填体的黏结力。其力学特性的变化主要是受冻结水含量的影响,冻结水(孔隙冰)含量的增加一方面减少参与水化的自由水含量,从而抑制胶结剂水化,另一方面可填充固体颗粒孔隙,增加强度。因此,为探究冻结水(孔隙冰)含量的影响因素,学者们对冰点和含冰量的关系进行了研究。Zhang 等[92]研究了硫铝酸盐水泥的含量和预固化时间对冰点的影响,同时揭示了其水化机理。结果表明,硫铝酸盐水泥的加入和预固化时间降低了胶凝体系的冰点和冻结水含量。冰点的降低是由于浓度效应和网络结构效应的双重作用,冻结水含量的降低主要是由于钙矾石的快速形成。大量硫铝酸盐水泥的加入极大地促进了胶凝体系初期的水化。在低温环境下,胶凝体系的早期强度是由于钙矾石的快速形成所致,后期则是由于其他无水相矿物如硅酸三钙的水化所致。未经预固化的胶凝体系和预固化的胶凝体系均具有多孔结构。前者是孔隙冰形成造成的,后者是初期大量钙矾石过快形成造成的。可以看出,充填体孔隙溶液的冰点受诸多因素的影响,通常为降低冰冻对充填体微观孔隙结构的破坏,硫铝酸盐水泥和无机盐类(氯化钠)可视作良好的添加剂。然而对具有多孔结构的发泡充填体在低温条件下的力学性能研究并不多见,仍值得研究。

综上所述,现阶段充填采矿工艺在金属矿山地下开采中的应用越加广泛,新型充填材料的研究工作也越来越充实,而发泡充填作为能够解决地下采场充填体接顶的潜在举措,还需要投入大量的研究工作。由于发泡充填体的构成不同,其流动性及强度性能受多种因素的影响而发生较大变化,因此,目前针对发泡充填的研究还需要解决以下问题:

① 充填料浆的流动性研究一直备受关注,发泡充填料浆内部存在大量气泡,气泡的分布形态受料浆自身流变特性的影响,同时气泡的分布形态反过来则影响充填料浆的流变特性。现阶段对发泡充填料浆流动性受不同因素影响的研究较少,且没有引入相应的理论揭示多因素影响机制,另外不同因素影响下发泡充填料浆的膨胀性能也值得研究。

② 发泡充填料浆中的气泡受多因素影响,从而导致固化后孔隙结构呈现不同形态,然而针对固化发泡充填体微观孔隙结构与强度的关系尚待定性化的研究。同时,发泡充填相对普通充填需要较高的灰砂比,为降低充填成本,采用一定比例的铝硅质矿物添加剂替代水泥成为较优的选择之一,然后对于不同类型矿物添加剂替代水泥后的水化进程对发泡充填体的微观孔隙结构和强度的影响机制还有待进一步研究。

③ 随着资源开发范围逐渐进入高寒地区,越来越多的低温高寒地区资源被开发、利用,发泡充填体在低温环境下的强度变化规律和关键影响因素需要深入研究。同时,为降低低温冰冻对发泡充填体内部微观结构和水化反应进程的影响,选择合理的添加剂降低充填体孔隙溶液冰点及其影响机制也有待进一步研究。

1.3　主要研究内容

综合国内外研究现状,本书以发泡充填为研究对象,结合大量的室内试验、多种表征分析方法和数值模拟,对发泡充填料浆流动性及膨胀性能、常温固化发泡充填体强度规律、低温固化发泡充填体强度规律和其在矿山开采-充填中的应用效果等方面进行研究,主要研究内容如下。

(1) 发泡充填料浆流动性及膨胀性能研究

利用扩展度试验测试发泡充填料浆的流动性,研究发泡剂量、充填骨料粒径和矿物添加剂类型对发泡充填料浆流动性的影响并分析原因。同时评估发泡剂量和充填骨料粒径对发泡充填料浆流变特性的影响。从不同类型矿物添加剂对料浆初期水化程度产生影响的角度,研究发泡充填料浆流变特性的时效性演变规律。此外,评估各因素影响下的发泡充填料浆的膨胀性能。引入水膜厚度理论,对各因素影响下的发泡充填料浆水膜厚度进行估算,建立发泡充填料浆水膜厚度与流动性的关系,揭示各因素对发泡充填料浆流动性能的影响机制。

(2) 常温固化发泡充填体强度规律研究

利用单轴抗压强度试验测试常温固化发泡充填体的强度,结合压汞法和 X-ray CT 图像测试其微观孔隙结构,研究发泡剂量和充填骨料粒径对发泡充填体强度变化规律的影响,建立发泡充填体强度与微观结构的关系。此外,针对不同类型矿物添加剂引起发泡充填体水化反应进程的差异性,利用 XRD(X 射线衍射)、TGA(热重分析)等手段对不同龄期的水化产物进行定性和定量的表征,结合孔隙结构的测试,分析矿物添加剂对发泡充填体强度性能的影响机制。

（3）低温固化发泡充填体强度规律研究

利用低温单轴抗压强度试验设备测试低温固化发泡充填体的强度,研究不同骨料粒径、冰冻时间、冰冻间隔时间和冰冻循环次数对强度的影响,并基于 TGA、重力水测试和压汞孔隙测试等手段揭示影响机制。此外,为减小低温环境对发泡充填体内部微观结构和水化反应进程的影响,选择添加 NaCl 来降低孔隙溶液的冰点,从水化反应分析角度研究其影响机制。

（4）发泡充填在傲牛铁矿的应用研究

利用 FLAC3D 对傲牛铁矿的开采-充填过程进行模拟,探讨发泡充填高度和不同类型胶结制备的发泡充填体对开采-充填过程中采场顶板和充填体应力、位移分布的影响,同时评估发泡充填体在试验矿块中的应用效果。

第 2 章　发泡充填料浆流动性及膨胀性能研究

2.1　概　　述

充填料浆的工作性能和固化强度是保证矿山经济、安全、高效开采的两个主要因素。新制充填料浆应该是一种性能良好的流体,才能保证其从地面泵送或自流输送至采空区,在输送过程中不会造成堵管、离析以及对管道过分磨损等问题。为了优化充填料浆的工作性能,就必须了解充填料浆的流动及流变行为规律。本书研究的发泡充填料浆中包含大量气泡,属于典型的固-液-气三相流体,其流动性能的研究对于矿山实现安全高效、经济充填开采是至关重要的。因此,本章着重研究发泡剂量、充填骨料粒度及矿物添加剂等因素对发泡充填料浆流动性及膨胀性能的影响,并建立浆体中气泡堆积理论模型,同时利用 PFC 模拟气泡-固体颗粒堆积,计算水膜厚度,揭示各因素影响机制。

2.2　试验原料及方案

2.2.1　发泡剂

常用的发泡技术包括物理发泡和化学发泡两类。物理发泡技术利用表面活性剂(如十二烷基硫酸钠、脂肪醇聚氧乙烯醚硫酸钠、松香皂发泡剂、动植物蛋白发泡剂)先产生大量发泡,然后用机械力将这些发泡压入样品中。化学发泡技术发泡剂通过化学反应产生发泡,具有成本低、操作方便的优点。本次研究所采用的发泡剂为浓度 30% 的过氧化氢(H_2O_2)溶液。

纯过氧化氢(H_2O_2)易受光照、温度及机械搅拌的影响而分解,试验中采用浓度 30% 的稀释溶液在一定程度上可降低其敏感性。同时,为减少发泡剂的敏感性对试验数据的影响,在制备发泡充填料浆时,需在均匀搅拌料浆并加入 30% 的过氧化氢(H_2O_2)溶液后再次均匀搅拌 30 s。需要注意的是,每次制备发泡充填料浆所采用的搅拌转速及时间相同,室内温度相差控制在 ±2 ℃。

2.2.2　稳泡剂

料浆中的气孔结构是影响多孔材料物理性能的重要参数,而稳泡剂的加入可以对料浆中的气泡性能进行调控。制备多孔材料常用的稳泡剂有纤维素醚、碳酸钙晶须和硬脂酸钙等,这些稳泡剂分子会堆积在气泡膜上,增加膜的厚度和韧性,能够稳定地存在于新鲜料浆中。在料浆中水分蒸发过程中,稳泡剂在浆体-空气界面形成聚合物柔模,可以修复高孔隙率水泥基发泡材料中的裂缝和孔洞,从而提高微观拉伸强度和宏观抗压强度。另外,具有疏水性的稳泡剂如纤维素醚、硬脂酸钙、碳酸钙晶须等可以减缓料浆中的水分蒸发速率,有效控制多孔试件在固化过程中出现的收缩开裂现象,而固化收缩恰是多孔材料制备过程中的一大难题。本书研究所使用的稳泡剂为碳酸钙晶须,其物理及化学性质如表 2-1 所示。

表 2-1 稳泡剂的物理及化学性质

形状	密度/(g/cm³)	长度(L)/μm	直径(D)/μm	L/D	水分/%	莫氏硬度	纯度/%	pH
针状纤维	2.8	20~30	1~2	20~30	≤0.3	3	98	9~9.5

2.2.3 发泡充填骨料

充填骨料的物理及化学性质影响发泡充填料浆的流动性及固化发泡充填体的强度特性。本书研究选用的是傲牛铁矿全尾砂,经过天然晾晒后,用电热鼓风干燥箱烘干至恒重,用塑料桶封装备用。

采用东北大学测试中心的 Malvern Mastersizer 2000 型激光粒度仪测试全尾砂粒径分布,结果如图 2-1 所示。采用 X 射线荧光光谱仪(XRF)定性分析全尾砂的氧化物组成,可知,其主要含有 64.4% SiO_2、18.04% Fe_2O_3、5.65% Al_2O_3、4.77% CaO 和 4.28% MgO(表 2-2)。采用 XRD 分析全尾砂的矿物组成,可知,其主要含石英、磁铁矿、石灰石、钙长石、角闪石和透辉石等矿物相(图 2-2)。采用 SEM 对全尾砂的粒径外形进行观察,如图 2-3 所示,其具有不规则的拉长外形。另外,由胜利石英砂场购买两种粗/细粒径范围的石英砂,其 SiO_2 含量为 96.43%,经粒度仪测定的粒径分布如图 2-1 所示,可知,全尾砂的粒径范围大致处于粗/细石英砂粒径范围之间。

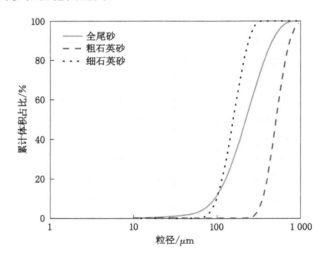

图 2-1 全尾砂和粗/细石英砂粒径分布

表 2-2 全尾砂的主要氧化物组成

试样	SiO₂含量/%	MgO含量/%	Al₂O₃含量/%	CaO含量/%	Fe₂O₃含量/%	Na₂O含量/%	SO₃含量/%
全尾砂	64.40	4.28	5.65	4.77	18.04	1.01	0.76

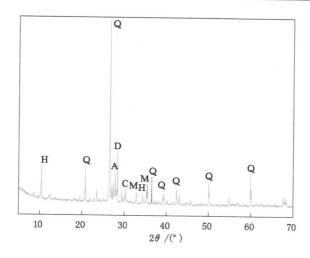

Q—石英;D—透辉石;C—石灰石;A—钙长石;H—角闪石;M—磁铁矿。

图 2-2　全尾砂 XRD 物相分析结果

（a）放大100倍

（b）放大300倍

图 2-3　全尾砂 SEM 观察下的形貌

2.2.4　胶结剂及矿物添加剂

（1）胶结剂

胶结剂在料浆管道输送中起着重要作用,包括润滑、稳定气泡、防止骨料沉淀等作用,同时充填体固化后所表现出的强度特性也由胶结剂的水化速率决定。本书研究所用的胶结剂为强度等级为 32.5 的普通硅酸盐水泥。采用 Malvern Mastersizer 2000 型激光粒度仪对其粒径分布进行测试,结果如图 2-4 所示。此种水泥的 D_{50} 为 12.06 μm,粒度均匀系数为 8.16,曲率系数为 1.029,均一性系数为 2.442,可知其粒径分布级配较好。通过 XRF 定性分析可知,水泥主要含有 3.13% MgO、5.26% Al_2O_3、20.87% SiO_2 和 61.52% CaO;通过 XRD 物相分析(图 2-5)可知,水泥主要含有的物相为硅酸二钙、硅酸三钙、石灰石、莫来石及石英;通过 SEM 观察水泥的微观形貌(图 2-6)可知,其含有一些微球颗粒及不规则板状颗粒。

（2）矿物添加剂

为保证气泡能在料浆中具有稳定的形态,要求料浆短时间内沉降性较小,且具有一定的塑性黏度。与普通料浆相比,发泡充填料浆所需的灰砂比较大,为降低成本,选择具有一

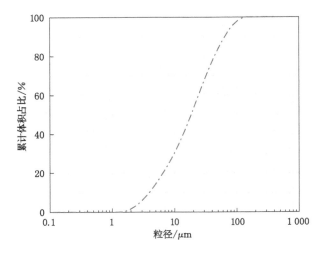

图 2-4　试验用普通硅酸盐水泥粒径分布

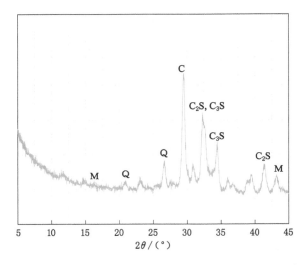

Q—石英；M—莫来石；C—石灰石；C$_2$S—硅酸二钙；C$_3$S—硅酸三钙。

图 2-5　试验用普通硅酸盐水泥 XRD 物相分析结果

（a）放大500倍　　　　　　　　　　（b）放大4 000倍

图 2-6　试验用普通硅酸盐水泥形貌

定火山灰活性的矿物添加剂。本书研究所选用的矿物添加剂（矿物胶凝材料）主要有粉煤灰、高炉矿渣及生石灰等。对其物理化学性质进行分析,结果如下。

粉煤灰和高炉矿渣粒径分布如图 2-7 所示,粉煤灰 D_{60} 为 53.27 μm,粒度均匀系数为 10.894,曲率系数为 1.033,均一性系数为 2.492;高炉矿渣 D_{60} 为 66.97 μm,粒度均匀系数为 12.979,曲率系数为 1.32,均一性系数为 1.9。粉煤灰与高炉矿渣粒径分布良好且相似。

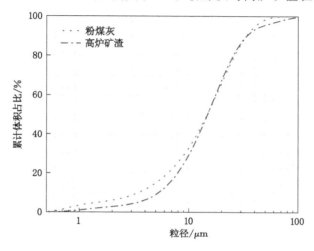

图 2-7　粉煤灰和高炉矿渣粒径分布

通过 XRF 定性分析可知,粉煤灰主要含有 38.01％ CaO、35.52％ SiO$_2$、16.12％ Al$_2$O$_3$、8.71％ MgO;高炉矿渣主要的氧化物组成为 48.83％CaO、35.46％ SiO$_2$、8.99％ Al$_2$O$_3$ 和 3.07％ MgO。通过 XRD 物相分析(图 2-8,扫描图中二维码获取彩图,下同)得出,粉煤灰主要含有的矿物相为莫来石和石英;高炉矿渣因含有大量无定形状态的物质而无明显的物相峰,表明其具有较高的火山灰活性。

2.2.5　试验方案

2.2.5.1　发泡剂量对发泡充填料浆流动性及膨胀性能的影响试验

参考国内外发泡充填体及发泡混凝土相关文献[14,107-109]及预试验,控制发泡充填体膨胀率小于 15％,暂定发泡剂量为胶结剂质量的 0％(无发泡剂)、0.8％、1.6％、2.4％及 3.2％,具体试验方案如表 2-3 所示。

表 2-3　发泡剂量对发泡充填料浆流动性及膨胀性能影响的试验方案

序号	灰砂比	胶结剂类型	发泡充填骨料	固体质量浓度/％	发泡剂量/％
1	0.25	OPC	T	68,70,73,76	0
2	0.25	OPC	T	68,70,73,76	0.8
3	0.25	OPC	T	68,70,73,76	1.6
4	0.25	OPC	T	68,70,73,76	2.4
5	0.25	OPC	T	68,70,73,76	3.2

注:OPC 指普通硅酸盐水泥;T 指傲牛尾砂;所选用的固体质量浓度为预试验较为合适的浓度;发泡剂量为胶结剂(强度等级为 32.5 的普通硅酸盐水泥)质量的百分比。

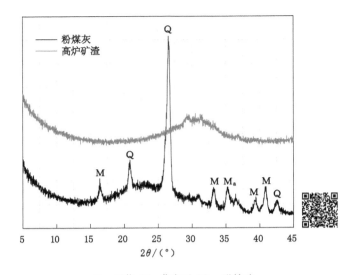

Q—石英；M—莫来石；Ma—磁铁矿。

图 2-8   粉煤灰和高炉矿渣的 XRD 物相分析结果

2.2.5.2   发泡充填骨料粒径对发泡充填料浆流动性及膨胀性能的影响试验

相同浓度及发泡剂量的料浆，骨料的粒径不同时，整体固体堆积密度相差较大对其流动性也会产生影响。选用尾砂与两种粒径的石英砂进行混合，组成多种粒径分布的混合骨料，具体配比如表 2-4 所示。三种尾砂按表 2-4 中配比均匀混合后，其粒径分布如图 2-9 所示。由图 2-9 可知，细石英砂的比例越大，混合骨料的整体粒度越细；反之，粗石英砂的比例越大，混合骨料的整体粒度越粗。为有效表征混合骨料粒度的粗细程度，需选用粒度分布的特征参数，包括 D_{20}、D_{50}、D_{80}、均匀系数（C_u）及曲率系数（C_c）。这些参数尽管可以从整体上较为详尽地描述颗粒或粉体的粒度分布状况和级配优良与否，但是数据过多，难以分析。因此，有学者试图从统计学的角度，从总体上描述颗粒或粉体的大小，即用平均粒径来描述粒度分布状况[110]。假设颗粒为理想球体，平均粒径可表示为 $D(p,q)$，具体表达式为：

$$D(p,q) = \left[\frac{\sum\limits_{i=q}^{k} n_i D_i^p}{\sum\limits_{i=q}^{k} n_i D_i^q} \right]^{\frac{1}{p-q}} \tag{2-1}$$

式中，n_i 为具有直径 D_i 的颗粒的数量；p 和 q 取值不同时，$D(p,q)$ 具有不同的物理意义。其中，p 表示被平均对象数量；q 表示平均方法。p 可以是 $1\sim4$ 的整数值，q 可以是 $0\sim3$ 的整数值，且 p 总大于 q。当 $p=1$ 时，表示直径；当 $p=2$ 时，表示表面积；当 $p=3$ 时，表示体积；当 $p=4$ 时，表示四次矩。当 $q=0$ 时，表示颗粒数；当 $q=1$ 时，表示直径；当 $q=2$ 时，表示表面积；当 $q=3$ 时，表示体积。因此，当 $p=4$，$q=3$ 时，表达式 $D(4,3)$ 为体积平均直径，计算式为：

$$D(4,3) = \frac{\sum\limits_{i=q}^{k} n_i D_i^4}{\sum\limits_{i=q}^{k} n_i D_i^3} \tag{2-2}$$

表 2-4　傲牛尾砂与石英砂配比

序号	尾砂占比/%	细石英砂占比/%	粗石英砂占比/%
T	100	—	—
C-1	90	10	—
C-2	80	20	—
C-3	70	30	—
C-4	60	40	—
C-5	50	50	—
F-1	90	—	10
F-2	80	—	20
F-3	70	—	30
F-4	60	—	40
F-5	50	—	50

注：表中混合骨料的配比均为质量百分比。

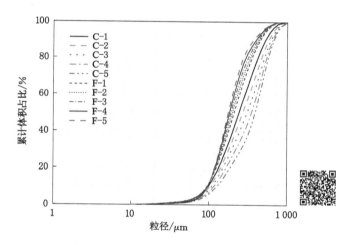

图 2-9　混合骨料粒径分布

此外，堆积密度 P 及粒径分布宽度 n 也常被学者们用来表征粒径的分布特征，其中堆积密度 P 由湿测法测试得到，粒径分布宽度 n 可以使用 Rosin-Rammler 函数[111]计算得到，其表达式如下：

$$R(D_p) = 1 - \exp\left(-\frac{D_p}{D_e}\right)^n \qquad (2-3)$$

式中　D_p ——颗粒粒径，μm；

　　　$R(D_p)$ ——小于该粒径的颗粒累计体积占比，%；

　　　D_e ——累计体积占比为 $1 - e^{-1}$ 对应的粒径；

　　　n ——粒径分布宽度。

11 种粒径尾砂的各粒径特征参数计算结果如表 2-5 所示。

表 2-5　混合骨料的粒径特征参数

序号	$D_{20}/\mu m$	$D_{50}/\mu m$	$D_{80}/\mu m$	C_u	C_c	n	P	$D(4,3)/\mu m$
T	129	226	374	2.793	1.029	0.840 3	0.577	286
C-1	134	239	424	2.908	1.018	0.869 1	0.572	301
C-2	142	272	468	3.135	1.003	0.880 2	0.568	319
C-3	151	309	502	3.426	1.015	0.897 2	0.564	343
C-4	165	352	545	3.430	1.012	0.900 9	0.559	371
C-5	189	387	571	3.419	1.152	0.907 6	0.551	398
F-1	124	211	352	2.667	1.002	0.830 4	0.585	252
F-2	121	199	336	2.468	1.018	0.813 8	0.592	235
F-3	118	192	317	2.316	1.024	0.799 6	0.597	228
F-4	116	183	296	2.167	1.019	0.787 3	0.603	208
F-5	113	176	272	2.072	1.005	0.776 6	0.610	192

利用表 2-5 中 11 种混合骨料制备 11 组发泡充填料浆,发泡剂的添加量为 0、0.8%、1.6%、2.4% 和 3.2%(为胶结剂的质量百分比),胶结剂采用的是强度等级为 32.5 的普通硅酸盐水泥,灰砂比为 1∶4,固体质量浓度为 73%,详细试验方案如表 2-6 所示。

表 2-6　发泡充填骨料粒径对发泡充填料浆流动性和膨胀性能影响的试验方案

序号	灰砂比	胶结剂类型	发泡充填骨料	固体质量浓度/%	发泡剂量/%
T	0.25	OPC	T	73	0,0.8,1.6,2.4,3.2
C-1	0.25	OPC	C-1	73	0,0.8,1.6,2.4,3.2
C-2	0.25	OPC	C-2	73	0,0.8,1.6,2.4,3.2
C-3	0.25	OPC	C-3	73	0,0.8,1.6,2.4,3.2
C-4	0.25	OPC	C-4	73	0,0.8,1.6,2.4,3.2
C-5	0.25	OPC	C-5	73	0,0.8,1.6,2.4,3.2
F-1	0.25	OPC	F-1	73	0,0.8,1.6,2.4,3.2
F-2	0.25	OPC	F-2	73	0,0.8,1.6,2.4,3.2
F-3	0.25	OPC	F-3	73	0,0.8,1.6,2.4,3.2
F-4	0.25	OPC	F-4	73	0,0.8,1.6,2.4,3.2
F-5	0.25	OPC	F-5	73	0,0.8,1.6,2.4,3.2

2.2.5.3　矿物添加剂对发泡充填料浆流动性及膨胀性能的影响试验

胶结剂的物理及化学性质影响料浆初始水化速率,进而影响充填料浆的流动性,发泡充填料浆的膨胀性能在一定程度上也取决于胶结剂的类型。根据文献[70]可知,胶结剂的成本约占充填成本的 75% 以上,而对于发泡充填来说,充填成本相对更高。为解决此类问题,使用矿物添加剂代替一部分水泥而减少水泥的用量成为较为可行的措施之一。因此,为研究矿物添加剂类型与剂量对发泡充填料浆流动性及膨胀性能的影响,选用粉煤灰及高炉矿渣为矿物添加剂,生石灰为初期水化加速剂,过氧化氢的添加量为胶结剂质量的 2.4%,料浆固体质量浓度为 73%,灰砂比为 1∶4,详细试验方案如表 2-7 和表 2-8 所示。

表 2-7　粉煤灰和生石灰的添加对发泡充填料浆流动性及膨胀性能影响的试验方案

序号	灰砂比	胶结剂类型	发泡充填骨料	固体质量浓度/%	发泡剂量/%
PC	0.25	OPC	T	70,73,76	2.4
F1	0.25	90%OPC+10%FA	T	70,73,76	2.4
F2	0.25	80%OPC+20%FA	T	70,73,76	2.4
F3	0.25	70%OPC+30%FA	T	70,73,76	2.4
FQ1	0.25	90%OPC+5%FA+5%Q	T	70,73,76	2.4
FQ2	0.25	80%OPC+15%FA+5%Q	T	70,73,76	2.4
FQ3	0.25	70%OPC+25%FA+5%Q	T	70,73,76	2.4

注:胶结剂类型为强度等级为 32.5 的普通硅酸盐水泥与粉煤灰及生石灰的质量百分比组成;FA 为粉煤灰;Q 为生石灰。

表 2-8　高炉矿渣和生石灰的添加对发泡充填料浆流动性及膨胀性能影响的试验方案

序号	灰砂比	胶结剂类型	发泡充填骨料	固体质量浓度/%	发泡剂量/%
PC	0.25	OPC	T	70,73,76	2.4
G1	0.25	90%OPC+10%BFS	T	70,73,76	2.4
G2	0.25	80%OPC+20%BFS	T	70,73,76	2.4
G3	0.25	70%OPC+30%BFS	T	70,73,76	2.4
GQ1	0.25	90%OPC+5%BFS+5%Q	T	70,73,76	2.4
GQ2	0.25	80%OPC+15%BFS+5%Q	T	70,73,76	2.4
GQ3	0.25	70%OPC+25%BFS+5%Q	T	70,73,76	2.4

注:胶结剂类型为强度等级为 32.5 的普通硅酸盐水泥与高炉矿渣及生石灰的质量百分比组成;BFS 为粉煤灰;Q 为生石灰。

2.3　测试方法

2.3.1　流动性

标准坍落度试验最先应用于评估新制混凝土的工作性能,后来渐渐被国内外学者用于评估膏体充填中料浆的流动性。由于充填料浆的固体质量浓度较小且骨料粒径一般较细,标准的坍落度试验较为费时且费料。所以,mini 坍落度试验渐渐被众多学者用来评估充填料浆的流动性能[112-113]。在 mini 坍落度试验中,充填料浆的流动性通常用流动扩展直径(扩展度)来表征,而流动扩展直径是由屈服应力决定的,屈服应力与料浆在管道中的输送性能相关。试验中采用的是 mini 坍落度仪,尺寸如图 2-10 所示,上口直径 50 mm,下口直径 100 mm,高 150 mm。按照 ASTM-C143 标准进行流动性测试,将搅拌均匀的料浆倒入坍落度仪中,捣实之后,沿垂直方向提起,2 min 后测量任意两个垂直方向的扩展直径,取两者的平均值作为充填料浆流动性的指标(扩展度)。

2.3.2　流变特性

塑性黏度和宾厄姆屈服应力是表征新制水泥砂浆流变性能的常用指标[114],本书中也用这两个指标来评价新制发泡充填料浆的流变特性。塑性黏度即施加在流体上的剪应力与剪切速率之比[115],新制发泡充填料浆作为一种非牛顿流体,其塑性黏度不是一个常数,取

图 2-10　mini 坍落度仪

决于剪切速率。本书中采用 NDJ-8S 型旋转黏度计[测量范围为 $(1\sim2)\times10^6$ mPa·s,转速为 30 r/min]测定新制发泡充填料浆的塑性黏度。在试验过程中,需要注意以下几个问题：① 新鲜循环流化床样品之间的温差控制在 ±0.5 ℃以内;② 度量用的烧杯或圆筒形容器的尺寸,直径不应小于 70 mm,高度不应小于 100 mm;③ 扭矩使用值在 $10\%\sim90\%$ 之间,一般情况下,最优扭矩值在 $50\%\sim80\%$ 之间。

　　至于宾厄姆屈服应力,则是静态屈服应力。更高的宾厄姆屈服应力导致更高的料浆固化性质[116]。新制发泡充填料浆在外力作用下产生的剪应力一旦超过宾厄姆屈服应力,就会发生可见流动。本书中,采用自制的宾厄姆屈服应力测试装置进行宾厄姆屈服应力的测量,如图 2-11(a)所示[34]。相应地,将测定的宾厄姆屈服应力定义为等效宾厄姆屈服应力。测试时,采用精度为 0.001 N 的拉推力计测量拉力,预埋在新制发泡充填料浆中的薄塑料板尺寸为宽 5 cm、高 7.5 cm。在每个新制发泡充填料浆试样不同位置测量 4 次,如图 2-11(b)所示,将 4 次测量的平均值作为等效宾厄姆屈服应力,具体计算公式可以表达为:

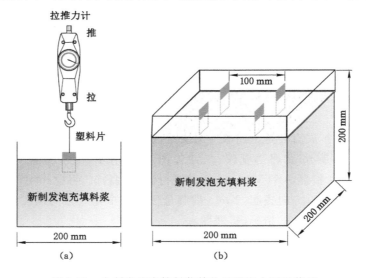

图 2-11　自制发泡充填料浆等价屈服应力测试装置

$$\tau_0 = \frac{F_1 + F_2 + F_3 + F_4}{8bh} \tag{2-4}$$

式中　τ_0——等效宾厄姆屈服应力;

　　　F_1, F_2, F_3, F_4——4 个位置测试的拉力值;

　　　b, h——薄塑料板的宽和高。

2.3.3　膨胀率

发泡充填料浆的膨胀率是指料浆膨胀部分体积与原体积之比,它反映了发泡充填体的膨胀性能,是评价膨胀效果的一项重要指标[10]。为研究不同因素(发泡剂量、充填骨料粒径和矿物添加剂)对发泡充填料浆的膨胀性能的影响,取新制料浆置于自制的塑料管中达到 10 cm 的高度,塑料管的尺寸为 5 cm×10 cm(直径×高度),记录未发泡时料浆的体积,经过 4 h 待发泡充填料浆终凝之后测量料浆体积,相应的膨胀率 $\Delta\rho$ 计算公式为:

$$\Delta\rho = \frac{V - V_0}{V_0} \times 100\% \tag{2-5}$$

式中　V_0——初始未发泡料浆的体积;

　　　V——发泡 4 h 时充填料浆终凝之后的体积。

2.3.4　湿堆积法

堆积密度测试方法分为干堆积法和湿堆积法两种。干堆积法测堆积密度受压实度的影响很大[117]。为了避免上述问题,本书采用湿堆积法来测量发泡充填料浆的堆积密度[117]。湿堆积法的本质是在固体颗粒中加入不同量的水,固体质量浓度先升高后降低,最大的固体质量浓度即视作堆积密度。当含水量较小时,将形成许多液桥。这将减小固体颗粒之间的距离,从而导致固体质量浓度的增加[118]。然而,随着含水量的增加,颗粒变得分散并且浆体体积增加,因此固体质量浓度降低。与湿堆积法有关的更多细节可见文献[119]。图 2-12 为湿堆积法的试验步骤。

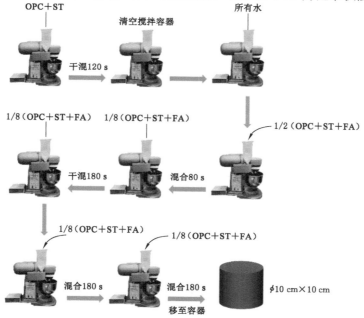

图 2-12　发泡充填料浆的湿堆积法试验步骤[117]

2.4 试验结果分析

2.4.1 发泡剂量

2.4.1.1 发泡剂量对发泡充填料浆扩展度的影响

图 2-13 显示了发泡剂量对新制发泡充填料浆扩展度的影响,可以看出,发泡剂量的增加与充填料浆扩展度的变化成反比。例如,对于固体质量浓度为 73% 的发泡充填料浆来说,随着发泡剂量从 0 增加至 3.2%,扩展度从 255 mm 降低至 229 mm,降低了 26 mm。这是因为浆体内部所存在的气泡数量随着发泡剂量的增加逐渐增多,气泡在浆体内部稳定存在时,表面会形成一定厚度的由水混合固体颗粒(包括充填骨料和胶结剂等)形成的膜。气泡数量增多,表面积增大,形态稳定存在时,其如同固体颗粒一样需要分担一部分自由水,从而用于料浆流动的自由水就会相应减少,浆体扩展度就会降低。此外,还可以观察到,发泡剂量由 0 增加至 3.2% 时,不同固体质量浓度发泡充填料浆对应的扩展度变化是不同的。同时,对于相同固体质量浓度的发泡充填料浆来说,发泡剂量从 0 增加至 3.2% 时,扩展度降低的幅度是不相同的,大致呈现下降的趋势。比如,对于固体质量浓度为 76% 的发泡充填料浆来说,随着发泡剂掺量从 0 每次增加 0.8% 至 3.2% 时,扩展度的下降量分别为 14.5 mm、9.9 mm、8.7 mm 和 0.2 mm。这就说明发泡剂量达到 3.2% 及以上时,对较高固体质量浓度(76%)的料浆流动性产生的影响较小。可以认为,较高固体质量浓度(76%)的料浆具有较大的塑性黏度和宾厄姆屈服应力,气泡难以继续移动、扩展和融合,从而保持分布状态稳定。

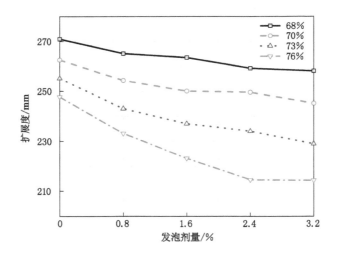

图 2-13 发泡剂量对发泡充填料浆扩展度的影响

2.4.1.2 发泡剂量对发泡充填料浆流变特性的影响

图 2-14 显示了发泡剂量对发泡充填料浆流变特性的影响,可以看出,发泡剂量与发泡充填料浆的流变参数(等效宾厄姆屈服应力和塑性黏度)成正比。例如,对于固体质量浓度

为 73% 的发泡充填料浆来说,随着发泡剂量从 0 增加至 3.2%,发泡充填料浆的等效宾厄姆屈服应力从 34.1 Pa 增加到 50.0 Pa,增加量为 15.9 Pa,而塑性黏度从 0.58 Pa·s 增加到 0.92 Pa·s,增加量为 0.34 Pa·s。发泡剂量增大时,气泡的数量增多,发泡充填料浆整体的堆积密度会发生变化,气泡与固体颗粒间的间隙增加,当含水量一定时,会吸收更多的自由水填充间隙。同时,发泡充填料浆整体的总表面积增大,同样会分担更多自由水,这样用于降低气泡与固体颗粒之间摩擦力的水就会减少,从而使浆体变得不易流动,料浆变得难以剪切且黏度增大。同时根据有关学者[114,120-121]的研究可知,水泥料浆的流变特性与流动性能存在着密切的关系,流动性增大时,流变参数也相应变大,这与本书中所得到的试验现象基本一致。

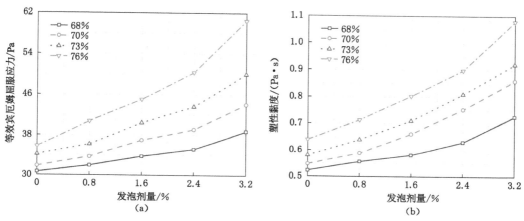

图 2-14　发泡剂量对发泡充填料浆流变特性的影响

2.4.1.3　发泡剂量对发泡充填料浆膨胀性能的影响

为研究发泡剂量对发泡充填料浆膨胀性能的影响,选取固体质量浓度分别为 68% 和 76% 的发泡充填料浆,测试了其 4 h 终凝时间膨胀率,结果如图 2-15 所示。由图 2-15 可以看出,发泡剂量对充填体的膨胀率有重要影响,在料浆稠度一定,即灰砂比、料浆固体质量浓度不变的情况下,料浆的膨胀率与发泡剂量正相关。这是因为在料浆稠度一定时,气泡所受到的阻力大小不变,而发泡剂的增加使料浆中的气泡核增多,导致分解产生的气泡增多,从而使气泡产生的驱动力逐渐增大,宏观上表现为充填体的体积增加。当发泡剂量为 0 时,固体质量浓度分别为 68% 和 76% 的发泡充填料浆膨胀率分别为 −13.2% 和 −8.1%,表明料浆发生了泌水沉降。根据 Benzaazoua 等[41]的研究可知,充填料浆中的固体颗粒会在重力的作用下发生沉降迫使多余的水排出,固体质量浓度越小,排出的水越多,体积沉降越大。当发泡剂量为 0.8% 时,对应发泡充填体的膨胀率达到了 −0.9% 和 −2.9%,这说明发泡充填料浆固体质量浓度较大时,等效宾厄姆屈服应力和塑性黏度大,从而阻止了气泡的扩展及融合,在宏观上表现为体积沉降较大。当发泡剂量达到 1.6% 以上时,对应发泡充填体的膨胀率均为正值。同时试验过程中还发现,当发泡剂量超过 4% 后,试件在固化过程中出现了塌模现象,这是由于发泡剂量过多导致大气泡和连通孔的大量形成。结合大量矿山充填经验可知,采空区充填后泌水沉降小于 20%,同时为满足矿山较好的接顶效果,推荐使用的发泡剂量约为 2%～3%,当然具体情况需要参考所使用充填料浆的成分,测量其流变参数而定。

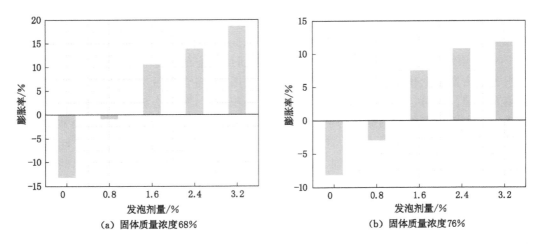

图 2-15　发泡剂量对发泡充填料浆膨胀率的影响

2.4.2　发泡充填骨料粒径

由表 2-5 中统计的发泡充填骨料各粒径参数及图 2-16 可知,体积平均直径 $D(4,3)$ 随着粗石英砂添加比例的增大而增大,随着细石英砂添加比例的减小而减小。堆积密度 P 随着粗石英砂添加比例的增大而减小,随着细石英砂添加比例的增大而增大,这说明尾砂整体颗粒粒径较大,添加细颗粒会减小粗骨料之间的间隙,从而增大堆积密度。此外,发泡充填骨料粒径分布宽度与体积平均直径的变化成正比,例如,当发泡充填骨料体积平均直径从 192 μm 增加至 398 μm 时,粒径分布宽度则从 0.776 6 增加至 0.907 6,这说明发泡充填骨料粒径分布是越来越窄的。

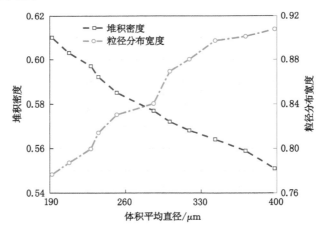

图 2-16　发泡充填骨料体积平均直径与堆积密度及粒径分布宽度的关系

2.4.2.1　发泡充填骨料粒径对发泡充填料浆扩展度的影响

图 2-17 分别显示了发泡充填骨料体积平均直径和堆积密度对发泡充填料浆扩展度的影响。由图 2-17(a)可以看出,发泡充填料浆扩展度随着体积平均直径的增加而增大,且这种影响随着发泡剂量的不同表现出差异。例如,当体积平均直径从 192 μm 增加至 398 μm

时,发泡剂量分别为 0、0.8%、1.6%、2.4% 和 3.2% 对应的扩展度提升了 17.24%、18.06%、19.55%、23.33% 和 26.37%。由于发泡充填骨料体积平均直径较小,其整体具有较大的比表面积,相同浓度下,需要分担更多的自由水来包裹固体颗粒,这样促使浆体流动的自由水就相对较少,扩展度也会降低,故发泡充填料浆扩展度与体积平均直径呈正比关系[29]。如图 2-17(b)所示,随着堆积密度的增加,发泡充填料浆扩展度明显降低。由表 2-5 可知,细发泡充填骨料具有较小的 Rosin Rammler 系数[27],表明其粒径分布宽度相对较大,这会增加骨料的堆积密度而减少骨料颗粒之间的间隙。当与水混合时,水会优先充填颗粒的间隙,再包裹固体颗粒,剩余的自由水供颗粒间润滑流动[18,26,119]。因此,细发泡充填骨料的料浆颗粒间隙需水量小,但这与扩展度小的结果是矛盾的。这种冲突的现象归结于细颗粒,虽然颗粒间隙需水量小,但用于包裹颗粒的需水量大,故整体上用于颗粒间润滑流动的自由水较少。

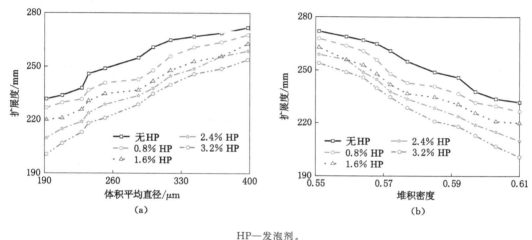

HP—发泡剂。

图 2-17　发泡充填料浆扩展度与体积平均直径和堆积密度的关系

2.4.2.2　发泡充填骨料粒径对发泡充填料浆流变特性的影响

发泡充填骨料粒径分布对发泡充填料浆流变参数(等效宾厄姆屈服应力和塑性黏度)的影响如图 2-18 所示。可以看出,与流动性的变化趋势相反,等效宾厄姆屈服应力和塑性黏度均与体积平均直径成反比。例如,当骨料体积平均直径从 192 μm 增加至 398 μm 时,发泡剂量为 0、0.8%、1.6%、2.4% 和 3.2% 的发泡充填料浆等价宾厄姆屈服应力分别从 45.82 Pa、48.28 Pa、52.19 Pa、55.34 Pa 和 58.31 Pa 降低至 25.84 Pa、27.54 Pa、30.35 Pa、32.81 Pa 和 34.09 Pa,相应的表观黏度分别由 1.18 Pa·s、1.29 Pa·s、1.41 Pa·s、1.5 Pa·s 和 1.63 Pa·s 降低至 0.45 Pa·s、0.52 Pa·s、0.29 Pa·s、0.66 Pa·s 和 0.71 Pa·s。粒径变大时,颗粒间隙增大与比表面积减小相互作用使得用于润滑颗粒流动的自由水增多,从而降低了流动阻力,等效宾厄姆屈服应力和塑性黏度也相应降低。此外,还可以看出,发泡充填料浆的等效宾厄姆屈服应力随着粒径增加均匀降低,而塑性黏度降幅则表现出先增大后减小的趋势。由 Ouattara 等[25]的研究结果可知,料浆的剪切屈服应力与扩展度关联较为密切,而与塑性黏度则没有表现出明显的关联性。参照图 2-17(a)所示的扩展度随体积平均直径的变化是相对均匀的,表明发泡充填料浆的剪切屈服应力与扩展度关联密切。

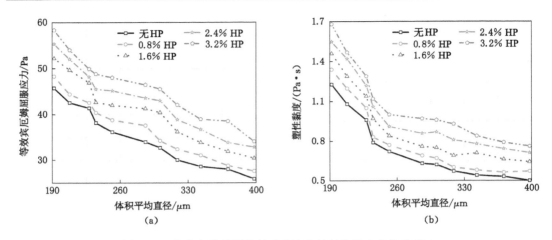

（a）　　　　　　　　　　　　　　　　　　　（b）

图 2-18　发泡充填骨料粒径对发泡充填料浆流变特性的影响

2.4.2.3　发泡充填骨料粒径对发泡充填料浆膨胀性能的影响

为研究发泡充填骨料粒径分布对发泡充填料浆膨胀性能的影响，选取固体质量浓度为 73％、发泡剂量分别为 0 和 2.4％ 的发泡充填料浆，测试了其 4 h 终凝时间膨胀率，结果如图 2-19 所示。对于发泡剂量为 0 的料浆来说，充填料浆终凝之后的膨胀率均为负值，即出现了不同程度的沉降。沉降的高度随着粒径的增大而减小，当体积平均直径从 192 μm 增加至 398 μm 时，膨胀率从 −14.9％ 降低至 −7.9％。这是因为体积平均直径为 192 μm 的发泡充填骨料具有最大的堆积密度和最大的粒径分布宽度，这可使其在沉降堆积中保持相对紧密的结构，从而使更多的水排出，宏观上表现为体积沉降最大。对于发泡剂量为 2.4％ 的料浆来说，充填料浆终凝之后的膨胀率均为正值，即出现了不同程度的膨胀。膨胀率随着粒径的增大而增加，当体积平均直径从 192 μm 增加至 398 μm 时，膨胀率从 10.9％ 增加至 17.1％。这是因为体积平均直径为 192 μm 的发泡充填骨料具有较多的细颗粒吸附自由水，其等效宾厄姆屈服应力和塑性黏度较大，从而不利于气泡的融合与扩展，宏观上表现为体积膨胀率小。

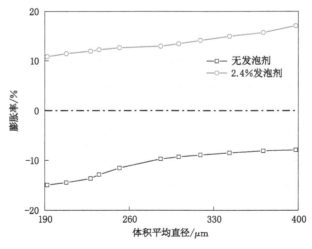

图 2-19　发泡充填骨料粒径对发泡充填料浆膨胀率的影响

2.4.3　矿物添加剂

2.4.3.1　矿物添加剂对发泡充填料浆扩展度的影响

（1）粉煤灰和生石灰

图 2-20 显示了不同固体质量浓度下粉煤灰和生石灰的添加对发泡充填料浆扩展度的影响。可以看出，发泡充填料浆的扩展度随着粉煤灰添加量的增加而增大，比如，固体质量浓度为 73% 时，粉煤灰的添加量从 10% 增加到 30%，发泡充填料浆的扩展度从 234 mm 增加到 256 mm；当用 5% 的生石灰替换 5% 的粉煤灰时，粉煤灰的添加量从 5% 增加到 25%，相同固体质量浓度的发泡充填料浆扩展度从 231 mm 增加到 246 mm，扩展度的增加源于粉煤灰的微球效应[122]。粉煤灰添加量的增量都是 20%，而其对于发泡充填料浆扩展度的增加效果分别为 22 mm 和 15 mm，这是因为生石灰的初期溶解会消耗一部分水，使料浆的总水量较少，流动性变差。

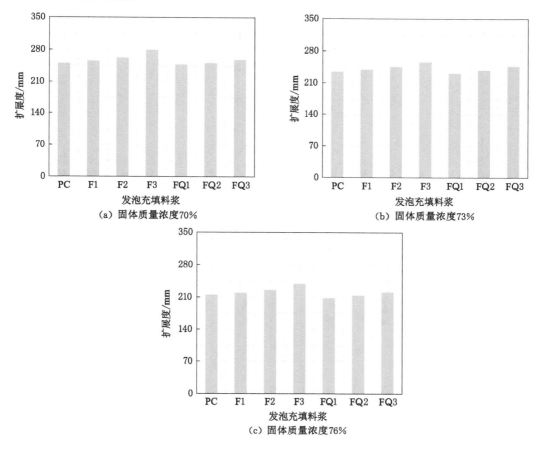

图 2-20　粉煤灰和生石灰的添加对发泡充填料浆扩展度的影响

对于相同胶结剂配比的发泡充填料浆来说，浆体的扩展度随着固体质量浓度的增大而减小。比如，对于 F1 试样，固体质量浓度从 70% 提高至 76%，发泡充填料浆的扩展度从 249 mm 降低至 214 mm，降低量为 35 mm。这是由于存在于颗粒与气泡之间减小摩擦的自由水减少，浆体剪切阻力增大。对于 F3 试样，固体质量浓度从 70% 提高至 76%，发泡充填料浆的扩展度从 279 mm 降低至 239 mm,降低量为 40 mm。可以看出,粉煤灰的掺量越大,固体质量浓度对流动性的影响也相对越大。

(2)高炉矿渣和生石灰

图 2-21 显示了不同固体质量浓度下高炉矿渣和生石灰的添加对发泡充填料浆扩展度的影响。可以看出,发泡充填料浆的扩展度随着高炉矿渣添加量的增加而减小,比如,固体质量浓度为 70% 时,高炉矿渣的添加量从 10% 增加到 30%,发泡充填料浆的扩展度从 243 mm 减小至 223 mm;当用 5% 的生石灰替换 5% 的高炉矿渣时,高炉矿渣的添加量从 5% 增加到 25%,相同固体质量浓度的发泡充填料浆扩展度从 227 mm 减小至 202 mm,扩展度的减小源于高炉矿渣的形状效应,其微细颗粒能够吸附更多水,浆体的剪切屈服应力增大。高炉矿渣添加量的增量都是 20%,而其对于发泡充填料浆扩展度的降低效果分别为 20 mm 和 25 mm,这是由于生石灰溶解消耗自由水和高炉矿渣形状效应的耦合作用所致。

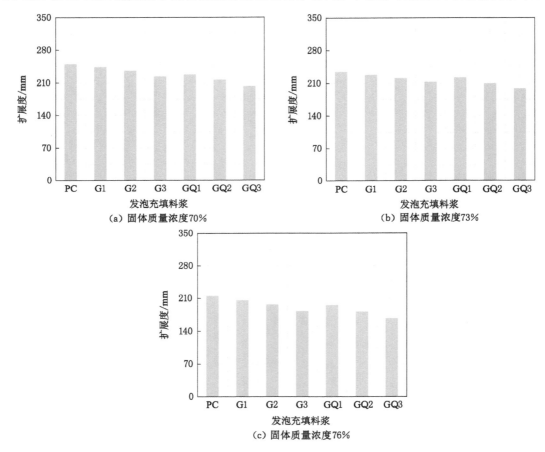

图 2-21 高炉矿渣和生石灰的添加对发泡充填料浆扩展度的影响

2.4.3.2 矿物添加剂对发泡充填料浆流变特性的影响

(1)粉煤灰和生石灰

由于胶结剂类型不同会对发泡充填料浆早期水化速率存在影响产生时间效应,故本书中对不同胶结剂类型的发泡充填料浆在 60 min 内的流变参数进行了测量。图 2-22 显示了粉煤灰和生石灰添加对固体质量浓度在 70％至 76％之间的发泡充填料浆的流变特性(等效宾厄姆屈服应力和塑性黏度)的影响。为了进行比较,图中还包括仅使用普通硅酸盐水泥的发泡充填料浆随时间的流变特性变化曲线。可以看出,发泡充填料浆的等效宾厄姆屈服应力和塑性黏度都随时间延长而增加,这种效果在很大程度上取决于粉煤灰的用量。对于给定时间,较高的粉煤灰剂量会导致等效宾厄姆屈服应力和塑性黏度降低。例如,当粉煤灰剂量从 0 增加到 30％,固体质量浓度为 70％,水化时间为 5 min 时,等效宾厄姆屈服应力从 33.17 Pa 降低到 28.93 Pa,降低了 4.24 Pa,相应的表观黏度从 0.652 Pa・s 降低到 0.564 Pa・s,降低了 0.088 Pa・s。当时间增加到 60 min 时,等效宾厄姆屈服应力下降 9 Pa,塑性黏度下降 0.16 Pa・s。此外,随着固体质量浓度的增加,不同粉煤灰剂量的发泡充填料浆的等效宾厄姆屈服应力和塑性黏度表现出更为显著的差异。例如,当粉煤灰剂量从 0 增加到 30％时,固体质量浓度为 73％的发泡充填料浆在 60 min 时的等效宾厄姆屈服应力和塑性黏度的降低值分别为 15.59 Pa 和 0.302 Pa・s,而当固体质量浓度为 76％时,其相应的降低值分别为 12.01 Pa 和 0.168 Pa・s。粉煤灰添加对发泡充填料浆流变特性变化的影响主要是由于粉煤灰的"颗粒形状效应"[122]。粉煤灰具有光滑表面的球体颗粒,可以对料浆流动提供润滑效果,从而减少需水量[123]。值得一提的是,在测试过程中,粉煤灰剂量高于 30％的料浆出现明显的离析现象。在这种情况下,气泡会向上浮动并融合,从而导致孔分布不均匀,进而导致发泡充填体的塌模现象[122],故应将粉煤灰的用量控制在 30％以内。

　　图 2-22 还显示了粉煤灰和生石灰对不同浓度发泡充填料浆流变性能的耦合作用。含 FQ1(5％粉煤灰+5％生石灰+90％水泥)的发泡充填料浆与以纯水泥作为胶结剂的料浆在固体质量浓度为 70％时,两者的等效宾厄姆屈服应力随时间变化几乎相同,而在塑性黏度方面,含 FQ1 的发泡充填料浆则具有相对较高的值。对应图 2-22(b)和图 2-22(c),在固体质量浓度为 73％和 76％时,同样可以得出类似的结论。这表明添加生石灰会抵消由粉煤灰对料浆流变性能的积极影响。添加生石灰产生的负面影响是其不规则形状引起的。同时,生石灰溶于水时,会在短时间内水化而消耗一定量的水。随着时间的延长,胶结剂水化会大大降低自由水的含量,从而阻碍气泡的扩展和迁移融合,此时发泡充填料浆的等效宾厄姆屈服应力和塑性黏度快速增加。

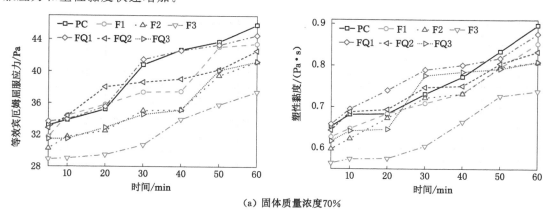

(a) 固体质量浓度70%

图 2-22　粉煤灰和生石灰的添加对发泡充填料浆流变特性的影响

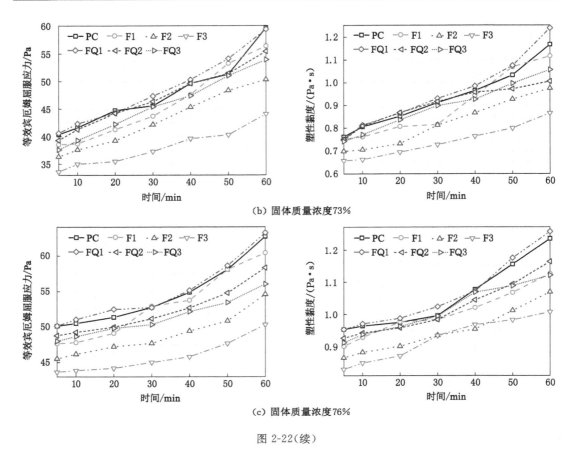

(b) 固体质量浓度73%

(c) 固体质量浓度76%

图 2-22(续)

（2）高炉矿渣和生石灰

图 2-23 为高炉矿渣和生石灰的添加对固体质量浓度在 70%至 76%之间的发泡充填料浆流变参数的影响。通常，发泡充填料浆的等效宾厄姆屈服应力和塑性黏度随高炉矿渣用量的增加而显著增大，而与固体质量浓度和时间无关。例如，当高炉矿渣的添加量从 0 增加到 30%，固体质量浓度为 76%，水化时间为 5 min 时，发泡充填料浆相应的等效宾厄姆屈服应力分别增加 2.48%、2.67%和 4.84%，而塑性黏度分别增加 2.52%、4.62%和 6.19%。这种现象是高炉矿渣粗糙的表面和不规则的形状导致的。这种不规则形状增加了颗粒之间的相互摩擦，使颗粒难以滑动，从而导致流动浆料产生流动形变的阻力变大。值得注意的是，时间为 60 min、固体质量浓度分别为 70%和 73%的情况下，以普通硅酸盐水泥为胶结剂的发泡充填料浆的等效宾厄姆屈服应力和塑性黏度均略高于含 10%高炉矿渣的发泡充填料浆。其原因可以解释为纯水泥在短时间内可产生更多的水化产物。这也表明矿物添加剂的"形状效应"不能抵消替换水泥所带来的影响。

含高炉矿渣和生石灰的发泡充填料浆的流变特性变化如图 2-23 所示。生石灰的添加进一步增加了含高炉矿渣的发泡充填料浆的等效宾厄姆屈服应力和塑性黏度。例如，当将胶结剂从 GQ1 更换为 GQ3 时，添加 5%的生石灰可导致等效宾厄姆屈服应力的增量分别为 7.45%、6.48%和 13.86%，而塑性黏度的增量为 9.63%、8.97%和 10.97%。除了生石灰的不规则形状外，另一个原因是 $Ca(OH)_2$ 产生的碱度促进了矿渣的火山灰反应，从而导致形成额外的凝胶产物。此外,随着固体质量浓度的提高,发泡充填料浆的等效宾厄姆屈服应力和塑性黏度会增加,其与时间无关,与单纯矿物添加剂增加所带来的增益相比,增幅更大。另外,不管胶结剂的类型和用量如何,发泡充填料浆的等效宾厄姆屈服应力和塑性黏度都随时间延长而显著增加。

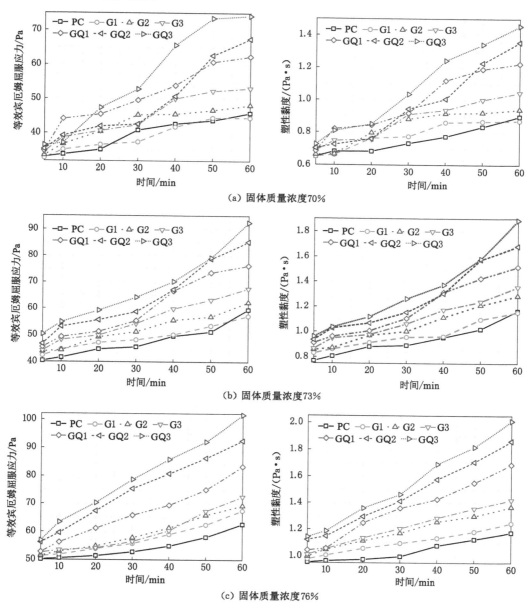

（a）固体质量浓度70%

（b）固体质量浓度73%

（c）固体质量浓度76%

图 2-23 高炉矿渣和生石灰的添加对发泡充填料浆流变特性的影响

2.4.3.3 矿物添加剂对发泡充填料浆膨胀性能的影响

图 2-24 为粉煤灰、高炉矿渣和生石灰添加对固体质量浓度 73% 的发泡充填料浆膨胀性能的影响。可以看出,发泡充填料浆的膨胀率随着粉煤灰添加量的增加而增大,随着高炉矿

渣添加量的增加而减小,加入生石灰后,粉煤灰对膨胀率的增益效果有所降低,而高炉矿渣对膨胀率的降低效果则更加显著。例如,粉煤灰的添加量为10%时,发泡充填料浆膨胀率从11.5%增加至12.9%,粉煤灰添加量从10%增加至30%时,膨胀率则从12.9%升高至17.2%。可以看出,随着粉煤灰添加量增大,发泡充填料浆的膨胀率增幅不断加大。用5%生石灰替换粉煤灰后,膨胀率分别降低1.1%、1.4%和1.6%。高炉矿渣的添加量为10%时,发泡充填料浆膨胀率从11.5%降低至11.1%,高炉矿渣添加量从10%增加至30%时,膨胀率则从11.1%降低至9.8%。可以看出,随着高炉矿渣添加量增大,发泡充填料浆的膨胀率降低幅度不断加大。用5%生石灰替换高炉矿渣后,膨胀率分别降低0.9%、1%和1.7%。降幅不断增大源于矿渣与生石灰的形状效应与水化反应的耦合作用。因此,在制备发泡充填体时,需要控制粉煤灰的用量以避免膨胀率过高的问题。

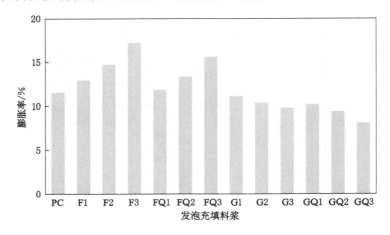

图 2-24　粉煤灰、高炉矿渣和生石灰添加对固体质量浓度73%的
发泡充填料浆膨胀性能的影响

2.5　发泡充填料浆流动性影响机理分析

根据上述试验结果,发泡剂量和骨料粒径对充填料浆流动性或流变性有重要影响。发泡剂量和骨料粒径对气泡形态的影响是研究发泡充填料浆流动性的关键。为量化研究气泡对充填料浆性能的影响,这里引入水膜厚度理论。水膜厚度(WFT)理论多用于水泥浆体或砂浆领域[30,33],其认为在料浆系统中包含的水(W_0)可以分为两部分,即空隙填充水(W_1)和额外自由水(W_2)。额外自由水包裹在固体颗粒表面形成水膜,水膜厚度与流动性有着较为密切的关系。本节利用水膜厚度理论分析发泡充填料浆流动性影响机理。

2.5.1　基于气泡紧密堆积模型的水膜厚度计算

料浆中形成的气泡,经过上升与融合,其表面吸附一定厚度的水膜后,形态趋于稳定。假设在浆体初始流变参数不变的情况下,气泡为圆球形,按照尺寸分为m级,对应1级尺寸气泡的体积为n_1、直径为d_1,2级尺寸气泡的体积为n_2、直径为d_2,……m级尺寸气泡的体积为n_m、直径为d_m,则1个单位体积新鲜料浆中气泡总体积n为:

$$n = n_1 + n_2 + \cdots + n_m \tag{2-6}$$

气泡的总个数 N 为：

$$N = 6\left[\frac{n_1}{\pi d_1^3} + \frac{n_2}{\pi d_2^3} + \cdots + \frac{n_m}{\pi d_m^3}\right] \tag{2-7}$$

气泡总表面积 S 为：

$$S = 6\left[\frac{n_1}{d_1} + \frac{n_2}{d_2} + \cdots + \frac{n_m}{d_m}\right] \tag{2-8}$$

假设气泡在浆体中稳定之后所附带的水膜厚度均一，1 级气泡水膜厚度为 h_1，2 级气泡水膜厚度为 h_2，……m 级气泡水膜厚度为 h_m，则料浆中单个 1 级气泡水膜的总体积为：

$$V_1 = \frac{1}{6}\pi\left[(h_1 + d_1)^3 - d_1^3\right] \tag{2-9}$$

1 级气泡水膜总体积（V_{WFT1}）还可按式（2-10）计算：

$$V_{\mathrm{WFT1}} = n_1\left[(h_1 + d_1)/d_1\right]^3 - n_1 \tag{2-10}$$

在此假设气泡在新鲜浆体中分布是紧密堆积的，紧密堆积模型如图 2-25 所示[124]。根据紧密堆积模型理论[125]，1 个单位体积的料浆中气泡堆积后剩余的空间为 0.259 5，可知：

$$1 - 0.259\,5 - n_1 = V_{\mathrm{WFT1}} \tag{2-11}$$

即

$$n_1\left[(h_1 + d_1)/d_1\right]^3 = 0.740\,5 \tag{2-12}$$

则可得 1 级气泡水膜厚度 h_1 为：

$$h_1 = d_1\left(\frac{0.740\,5}{n_1}\right)^{1/3} - d_1 \tag{2-13}$$

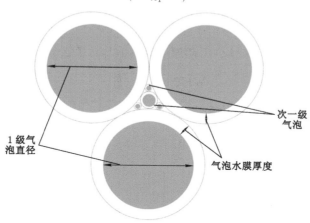

图 2-25　气泡紧密堆积模型

由紧密堆积模型的原理可知，1 级气泡所占据的体积最大值为 0.740 5，此时，$n_1 < 0.740\,5$，而剩余的各级气泡的体积 $n_2 + n_3 + \cdots + n_m < 0.259\,5$，得 $n - n_1 < 0.259\,5$，所以 $n - 0.259\,5 < n_1 < 0.740\,5$。$n_1$ 为 $(n - 0.259\,5, 0.740\,5)$ 中的任意值，假设：

$$n_1 = n - 0.259\,5 + k[0.740\,5 - (n - 0.259\,5)] = n - 0.259\,5 + k(1 - n) \tag{2-14}$$

将式（2-14）代入式（2-13）可得气泡紧密堆积时的 1 级气泡水膜厚度：

$$h_1 = d_1\left[\frac{0.740\,5}{n - 0.259\,5 + k(1 - n)}\right]^{1/3} - d_1 \tag{2-15}$$

当 1 级气泡稳定存在于浆体中时,其处于受力平衡状态,受力状况可表达为:

$$F = P + G \tag{2-16}$$

式中　F——气泡自身的浮力;

　　　G——气泡自身的重力;

　　　P——气泡存在向上移动趋势时所受到的黏滞力,与料浆的流变参数有关。

$F = \rho_{料浆} g \pi d_1^3/6$,$G = \rho_{气泡} g \pi d_1^3/6$,$P = \tau \pi d_1^2/2$,$\tau$ 为料浆的屈服应力,$\rho_{料浆}$ 为料浆的密度,$\rho_{气泡}$ 为气泡的密度,则式(2-16)变为:

$$\frac{\rho_{料浆} g \pi d_1^3}{6} = \frac{\rho_{气泡} g \pi d_1^3}{6} + \frac{\tau \pi d_1^2}{2} \tag{2-17}$$

$$d_1 = \frac{3\tau}{2(\rho_{料浆} - \rho_{气泡})g} \tag{2-18}$$

将式(2-18)代入式(2-15)可得:

$$h_1 = \left\{ \left[\frac{0.740\,5}{n - 0.259\,5 + k(1-n)} \right]^{\frac{1}{3}} - 1 \right\} \left[\frac{3\tau}{2(\rho_{料浆} - \rho_{气泡})g} \right] \tag{2-19}$$

根据水膜厚度理论,假设气泡-固体颗粒体系中水对气泡和固体颗粒为均匀性包裹,水膜厚度一致,且气泡在浆体中难以达到紧密堆积的状态,此时取 $k = 0.5$ 的松散系数,气泡密度为室温下氧气的密度(1.429 kg/m³),重力加速度 g 取 9.807 m/s²,则水膜厚度计算公式简化为:

$$\text{WFT} = \left[\left(\frac{0.740\,5}{0.5n + 0.240\,5} \right)^{\frac{1}{3}} - 1 \right] \left(\frac{\tau}{6.538\,\rho_{料浆} - 9.343} \right) \tag{2-20}$$

2.5.2　基于 PFC 模拟堆积的水膜厚度计算

由 Kwan 等的研究可知,浆体中水膜厚度值的具体计算公式为[33]:

$$\text{WFT} = \frac{\mu_w - \mu_s}{A_s} \tag{2-21}$$

式中　μ_w——水体积与固体颗粒体积之比;

　　　μ_s——空隙比,$\mu_s = (1 - \varphi)/\varphi$;

　　　φ——固体颗粒的堆积密度;

　　　A_s——固体颗粒的比表面积。

水膜厚度与浆体的扩展度相关性密切。

由于浆体中气泡的粒径分布是未知的,因此气泡比表面积的获取异常困难。但掺入发泡剂之后,浆体的膨胀率很容易通过试验获得,即气泡的体积分数已知。此外,通过湿测法可获得混合体系的堆积密度。先假设气泡的粒径分布,然后将气泡视为填料以一定的体积分数(根据膨胀率而定)混入固体颗粒体系,若最后得到的体系的堆积密度与湿测法结果一致(通过颗粒流软件 PFC3D 实现),则假设成立;否则,继续假设。根据最终得到的气泡的粒径,可以进一步得到体系的比表面积,具体的步骤如图 2-26 所示。

值得注意的是,利用上述方法进行气泡粒径的估计不可避免地存在误差,在 PFC3D 中采用自重堆积,获得的堆积密度结果必然小于湿测法得到的结果。若直接采用两者相等时的气泡粒径进行比表面积的计算,显然是错误的。因此,必须进行模拟值与试验值的标定,即确定两者的换算关系。

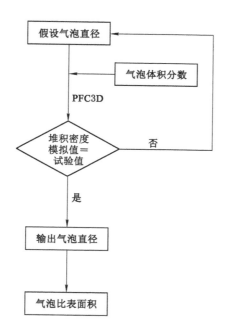

图 2-26　颗粒比表面积的计算流程

　　首先利用真空筛制备四种粒径的尾砂样品（100～500 μm），具体的粒径分布见表 2-9。根据湿测法，可以分别得到各自的堆积密度。其次本书 PFC3D 模拟计算假设尾砂为球形，在有效区内生成 40×40×60 的封闭墙体，并在此封闭墙体内生成特定级配的尾砂颗粒[126]。尾砂颗粒在重力作用下重新堆积，直至平衡状态。本书选用线性模型，颗粒弹性模量选取 1 GPa，密度为 2.5 g/cm³，摩擦系数为 0.5。图 2-27 和图 2-28 分别为颗粒模型及模拟堆积结果。

表 2-9　尾砂样品粒径分布

尺寸/μm	样品 1 累计含量/%	样品 2 累计含量/%	样品 3 累计含量/%	样品 4 累计含量/%
100～150	20.00	30.00	40.00	50.00
150～250	46.67	53.33	60.00	66.67
250～350	73.33	76.67	80.00	83.33
350～500	100.00	100.00	100.00	100.00

　　综合试验结果与模拟结果，两者的对比如表 2-10 所示。可以看出，模拟值总小于湿测法测量值。这是合理的，因为在模拟时未施加振荡。Kwan 等[127]研究表明，振实过程会促进细颗粒填充空隙，从而增大堆积密度。根据两者的结果，可以得到模拟值与试验值之间的系数在 1.1 左右。因此利用该系数进行掺入气泡后的模拟结果与试验结果的转换，根据模拟结果，统计出气泡-颗粒堆积体系的总表面积，进而计算出水膜厚度。

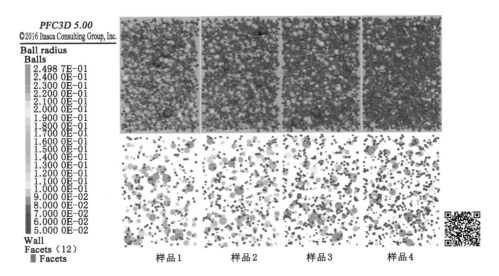

图 2-27　不同粒径分布的尾砂颗粒堆积的颗粒流模型

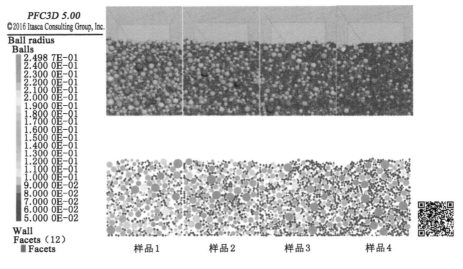

图 2-28　尾砂试样的堆积结果

表 2-10　模拟堆积密度与试验堆积密度的对比

	样品 1	样品 2	样品 3	样品 4
模拟值	0.610	0.615	0.619	0.616
湿测法值	0.671	0.670	0.681	0.677

2.5.3　发泡剂量和骨料粒径分布对扩展度(流动性)的影响机制

图 2-29 显示了两种方法得出的发泡充填料浆的 WFT 随发泡剂量的变化。两种方法得出的 WFT 值误差在 10% 以内,表明结果具有较高的可信度。正如预期的那样,当给定发泡剂量时,WFT 随着固体质量浓度的增加而降低,这是含水量降低造成的。例如,对于发

泡剂量为 1.6% 的发泡充填料浆,当固体质量浓度从 68% 升至 76% 时,PFC 模拟计算的 WFT 从 0.594 μm 降至 0.531 μm,紧密堆积模型计算的 WFT 则从 0.601 μm 降至 0.529 μm。此外,可以观察到,不管固体质量浓度如何,当发泡剂量从 0 增加到 3.2% 时, WFT 都显著降低。WFT 的下降主要是比表面积与堆积密度的耦合作用导致的。由于发泡剂量相对浆体中的含水量很小,因此忽略发泡剂对浆体稠度的影响,即不考虑浆体稠度对气泡稳定性的影响。一方面,发泡剂量的增加导致系统中的气泡数量增加。若将气泡视为颗粒,发泡剂的掺入导致颗粒湿堆积系统重新堆积,即改变了系统的堆积密度。根据堆积理论[18],在混合颗粒系统中存在三种物理效应(松散效应、壁效应和楔入效应)影响堆积密度的大小。对于本书中的水泥-尾砂-气泡混合系统,大气泡边壁充当小颗粒的依附壁,小气泡楔入粗颗粒间隙,在壁效应和楔入效应共同影响下,体系的空隙体积增大,堆积密度减小(图 2-30)。另一方面,发泡剂产生气泡的直径相较本书中使用的尾砂的粒径小,该结论可以从 CT 试验中得到验证。这相当于在系统中掺入了细填充料,从而导致颗粒体系比表面积增大。综上原因,随着发泡剂量的增加,体系 WFT 不断减小。值得注意的是,发泡充填料浆中所有 WFT 值都为正值,这表明发泡充填料浆体系中的水足够填充固体颗粒之间的空隙。这也是充填体与混凝土的一个重要区别——混凝土中的 WFT 经常出现负值。由图 2-29(a) 也可以看出,随着发泡剂量的增加,无论固体质量浓度如何,WFT 均呈现先急剧减小后缓慢减小的特点。这表明从 WFT 的角度来说,存在一个饱和发泡剂量,当发泡剂量达到该饱和值时,WFT 变化不明显。该值与充填体的材料性质有关,如尾砂粒径、固体质量浓度等。

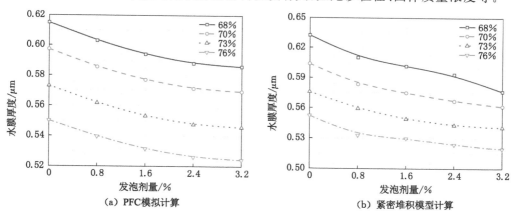

图 2-29　不同发泡剂量及固体质量浓度的 WFT

　　图 2-31 显示的是固定发泡剂量(1.6%)时,两种方法计算的 WFT 随颗粒体积平均直径的变化。很明显,随着颗粒体积平均直径的增大,WFT 逐渐升高。这主要得益于颗粒体积平均直径的增加导致粒径分布宽度变大,从而使颗粒系统堆积密度增大。此外,颗粒比表面积的减小也是一个原因。

　　以 PFC 模拟计算结果为例分析扩展度(流动性)与 WFT 之间的关系,如图 2-32 所示。总的来说,扩展度随着 WFT 的增大而增大。这种现象是预料之中的,因为 WFT 越大,意味着颗粒间的润滑效应越强,屈服应力降低。根据 Qiu 等[18] 的研究结果,充填料浆扩展度是屈服应力的宏观表征。为研究 WFT 的效果,通过回归分析得到了扩展度-WFT 关系的最

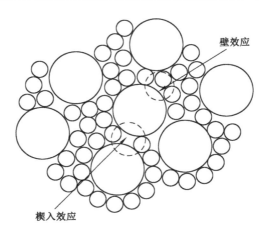

图 2-30 壁效应及楔入效应(改编自文献[127])

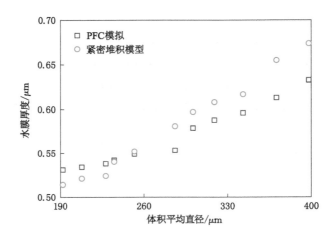

图 2-31 颗粒体积平均直径对应的 WFT

佳拟合曲线。拟合相关系数 R 的平方值为 0.96,表明发泡充填料浆主要依赖于 WFT。值得注意的是,尽管相关系数较高,但数据点在边界两侧的分散程度存在显著差异(WFT≈0.57 μm)。当 WFT>0.57 μm 时,发泡剂量大约为 0~2%。此时数据点依附于拟合曲线。不同发泡剂量的发泡充填料浆的扩展度和 WFT 遵循同一趋势。这表明,无论发泡剂量如何,WFT 仍然可以被视为控制新制发泡充填料浆的唯一因素。当 WFT<0.57 μm 时,发泡剂量约为 2%~3%。此时,数据点开始偏离拟合曲线,表明在发泡剂量较高时,WFT 不再是控制发泡充填料浆的唯一因素。Kwan 等[30]在研究 WFT 和减水剂用量对砂浆流变性和黏结性的影响时,将这一现象归结为减水剂的"直接效应"和"间接效应"。一方面,发泡剂通过影响 WFT 来改变浆料的流动性(间接效应)。另一方面,发泡剂对流动性也有直接影响,这种影响不能通过 WFT 来表达。Li 等[128]认为,减水剂通过增加 WFT 和降低黏结性来改善水泥浆体的流动性。从本质上讲,这种降低黏结性的作用也可以看作减水剂的直接作用。对比 Kwan 模型和本书中的模型[30],在发泡充填料浆中,流动扩展度可以表示为 WFT 的一元函数,而在混凝土砂浆中流动扩展度则是 WFT 和减水剂含量的二元函数。也就是说,在

发泡充填料浆中发泡剂的直接作用在一定程度上可以忽略,更准确地说,尽管 WFT 和发泡剂的直接作用的耦合效应仍然控制着发泡充填料浆的流动性,但此时 WFT 的作用相对占优势。这可能归因于发泡充填料浆中的含水量远高于混凝土砂浆中的含水量。因此,当发泡剂量较大时,此时发泡剂量的直接影响是数据离散的根本原因。若要同时考虑发泡剂量的直接效应及 WFT,需要引入新的指标,即 Guo 等[17] 提出的絮团膜厚度(FWFT)的概念。同理,当影响因素为骨料粒径时,WFT 与扩展度也呈指数关系,相关系数 R 的平方值达到了 0.98。此外,阈值 WFT 出现且等于 0.57 μm。值得注意的是,与发泡剂不同,骨料的絮凝成团作用是阈值 WFT 出现的原因,但本质上也是 FWFT 的影响。

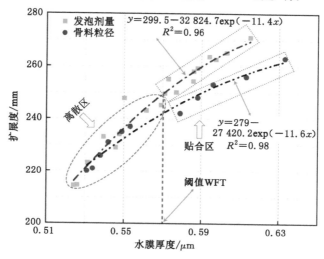

图 2-32　扩展度与 WFT 之间的关系

第3章 常温固化发泡充填体强度规律研究

3.1 概　　述

　　充填采矿工艺在金属矿山得到了广泛应用,其在保护地表稳定、提高矿石回收率等方面发挥了重要作用。由于全尾砂作为充填骨料时具有工艺简单、级配均匀等优点,因此,全尾砂胶结充填技术被业内学者认为是最理想的处理采空区方法。由于充填体在采矿过程中对围岩、设备起到一定支撑作用,同时还要受到爆破震动的影响,因此充填体在不同龄期的强度对采矿作业安全至关重要。普通全尾砂充填体经过泌水沉降后会造成采空区不接顶现象,长时间会引起顶板断裂、地表塌陷,而发泡充填材料恰好能弥补该缺陷。但发泡剂会对充填体强度产生明显影响,掺量过大会造成强度大幅度降低,掺量过小则达不到充填接顶要求,而充填体强度与人员设备安全和充填成本的合理性息息相关。同时,充填骨料粒径分布也在一定程度上影响发泡充填体的微观结构及强度特性。再者,发泡充填体是多孔隙结构,由于其孔隙率高,一般为达到地下采空区对充填体强度的要求,需要较高的灰砂比。高灰砂比有利于保证料浆均匀性,在输送时浆体不会因为固体颗粒重力作用而离析,从而提高浆体中气泡的稳定性,避免发泡充填体固化后出现大孔隙集聚的现象而导致强度大幅下降;同时,较高的灰砂比会促使水化产物增多,从而增强发泡充填体的力学性能。然而,这样势必会大大增加充填成本,对于发泡充填体的广泛应用产生不利影响,故研究矿物添加剂对发泡充填体强度特性的影响对于减少发泡充填胶结剂成本有重要意义。因此,本章着重研究发泡剂量、发泡充填骨料粒径及不同矿物添加剂对发泡充填体强度特性的影响,并从微观结构演化方面揭示各因素的影响机理,为优化发泡充填体的配比提供理论指导。

3.2 试验原料及方案

3.2.1 试验原料

　　本章试验所用的发泡剂、稳泡剂、发泡充填骨料、胶结剂及矿物添加剂与第 2 章所用的试验材料一致。本章为研究更多类型矿物添加剂对发泡充填体强度性能的影响,采用石膏(脱硫石膏和磷石膏)及铝灰等两种硅铝质固废材料,其详细的物理及化学性质如下。

　　(1) 石膏(脱硫石膏和磷石膏)

　　脱硫石膏和磷石膏粒度分析结果如图 3-1 所示,可知,脱硫石膏 D_{60} 为 17.21 μm,粒度均匀系数为 3.31,曲率系数为 1.09,均一性系数为 1.01;磷石膏 D_{60} 为 20.42 μm,粒度均匀系数为 3.63,曲率系数为 1.37,均一性系数为 0.98;脱硫石膏比磷石膏粒度稍细。通过

XRF 定性分析可知,脱硫石膏主要氧化物组成为 50.77%CaO 和 45.64%SO₃;磷石膏则主要含有 45.56%CaO、40.54%SO₃ 和 2.02%P₂O₅。通过 XRD 物相(图 3-2)分析可知,脱硫石膏和磷石膏均含有一定量的半水石膏、二水石膏、无水石膏和石灰石。

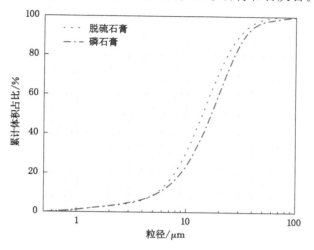

图 3-1　脱硫石膏和磷石膏粒径分布

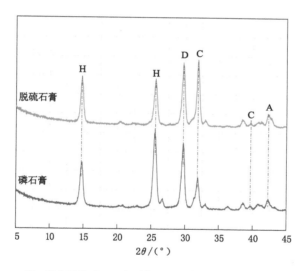

H—半水石膏;D—二水石膏;A—无水石膏;C—石灰石。

图 3-2　脱硫石膏和磷石膏的 XRD 物相分析结果

　　为定量表示两种石膏中某些特定物质的含量,对两者进行了热重分析,试验结果如图 3-3 所示。由图 3-3 可知,脱硫石膏含有较多的半水石膏和二水石膏,这与 XRF 氧化物组成分析结果一致,且脱硫石膏具有相对较高的石灰石含量。

　　(2)铝灰

　　铝灰(AD)是金属铝冶炼厂的工业副产物,与粉煤灰类似,其含有大量的铝元素,可作为潜在的矿物添加剂的原料。但由于在预试验中测试铝灰原料活性较低,故采用高温煅烧的方式提高铝灰的活性,具体升温煅烧过程如图 3-4 所示。

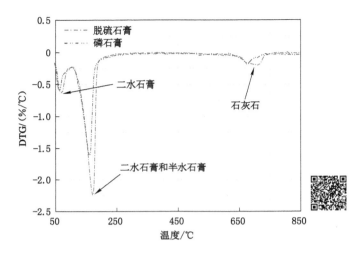

图 3-3　脱硫石膏和磷石膏热重分析结果

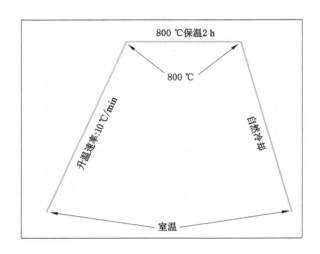

图 3-4　煅烧铝灰(CAD)升温过程

　　为评价煅烧铝灰改性的效果,对铝灰原料和煅烧后的铝灰进行了 XRD 和 FTIR 红外光谱测试,试验结果如图 3-5 和图 3-6 所示。从 XRD 物相图可以看出,铝灰中主要含有 Al_2O_3、AlN、SiO_2 和 Al,也有少量的 NaCl、$MgAl_2O_4$ 和 Si。煅烧后,$Ca_3Si_2O_7$ 峰的强度显著增加,这可能是 CaO 和活性 SiO_2 在高温下的化学结合所致。由于煅烧后无序的玻璃相结构增加,煅烧铝灰的 SiO_2 峰值明显下降。此外,煅烧铝灰中 Al_2O_3 物相峰值显著增加,而 Al 的峰值有所下降。这是因为铝单质在高温下与空气中氧气反应生成 Al_2O_3。

　　如图 3-6 所示,与铝灰原料相比,煅烧铝灰的尖锐特征峰有所下降,这与其所含的无定形玻璃相增加有关。铝灰和煅烧铝灰主要包括铝酸盐和硅酸盐网络的两个光谱吸收区域[129]。476 cm^{-1} 左右的位置是 SiO_4 四面体中 Si—O 键的弯曲振动[129-130]。560~580 cm^{-1} 的波段与 Si—O—Al 键的弯曲振动有关。煅烧后,波数从 577 cm^{-1} 变为 572 cm^{-1},说明 Al 的配位数发生了变化[131]。700~900 cm^{-1} 的波段与配位数为 6 的 Al 和 Si—O—Si 键的重叠伸缩振动有关[132]。这个位置的低吸光度意味着高配位铝的减少和 SiO_2 的结晶度的降

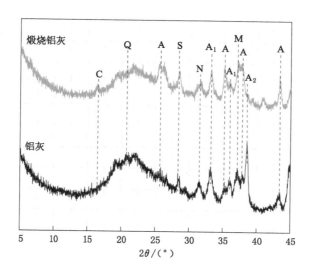

N—氯化钠；A—氧化铝；A₁—氮化铝；A₂—铝；M—铝酸镁；S—硅；Q—石英；C—硅酸三钙。

图 3-5　铝灰和煅烧铝灰的 XRD 物相分析结果

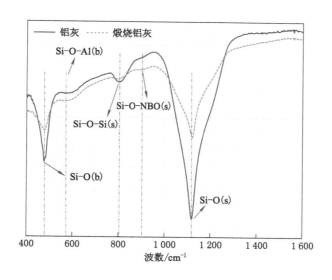

图 3-6　铝灰和煅烧铝灰的红外光谱测试结果

低。靠近 900 cm⁻¹ 的红外信号增强是由于 Si—O 键增加了一个非桥氧键（NBO）[129,133-134]。约 1 118 cm⁻¹ 的波段是 SiO₄ 四面体中 Si—O 键的伸缩振动。高温煅烧破坏了 Si—O—Si 键位，从而促进改性剂阳离子掺入 Si—O—NBO 中形成了无定形硅酸盐网络 Si—O—Ca/Na/Mg—O—Si[135]，进而增加了无序网络结构的数量，提高了煅烧铝灰的活性。

3.2.2　试验方案

3.2.2.1　发泡剂量对发泡充填体强度特性的影响试验

本章在研究发泡剂量对发泡充填体强度特性的影响时所采用的试验方案如表 2-3 所示，

待发泡充填料浆制备完成后,将新制料浆倒入圆柱形模具中,模具尺寸为 50 mm×100 mm (直径×高),放入养护箱中养护,保持温度为 20 ℃±2 ℃,湿度为 95%±2%。待达到预设的龄期后,将固化发泡充填体脱模进行相应的表征测试。

3.2.2.2 发泡充填骨料粒径对发泡充填体强度特性的影响试验

本章在研究发泡充填骨料粒径对发泡充填体强度特性的影响时所采用的试验方案如表 2-6 所示,待发泡充填料浆制备完成后,将新制料浆倒入圆柱形模具中,模具尺寸为 50 mm×100 mm(直径×高),放入养护箱中养护,保持温度为 20 ℃±2 ℃,湿度为 95%±2%。待达到预设的龄期后,将固化发泡充填体脱模进行相应的表征测试。

3.2.2.3 矿物添加剂对发泡充填体强度特性的影响试验

本章在研究粉煤灰、高炉矿渣及生石灰对发泡充填体强度特性的影响时所采用的试验方案如表 2-7 和表 2-8 所示。为研究石膏(脱硫石膏和磷石膏)和煅烧铝灰对发泡充填体强度特性的影响,所设计的试验方案如表 3-1 和表 3-2 所示。

表 3-1 石膏对发泡充填体强度特性影响的试验方案

序号	灰砂比	胶结剂类型	发泡充填骨料	固体质量浓度/%	发泡剂量/%
C	0.25	C	T	73	2.4
BB-1	0.25	BB-1	T	73	2.4
BB-2	0.25	BB-2	T	73	2.4
BB-3	0.25	BB-3	T	73	2.4
BB-4	0.25	BB-4	T	73	2.4

表 3-2 煅烧铝灰对发泡充填体强度特性影响的试验方案

序号	灰砂比	胶结剂类型	发泡充填骨料	固体质量浓度/%	发泡剂量/%
C	0.25	C	T	73	2.4
S1	0.25	S1	T	73	2.4
S2	0.25	S2	T	73	2.4
S3	0.25	S3	T	73	2.4
S4	0.25	S4	T	73	2.4

脱硫石膏(FGDG)和磷石膏(PG)为工业生产中的固体废弃物,其含有丰富的石膏成分,能为胶凝材料的早期水化反应提供必要的硫酸盐;根据 2.2.4 小节可知,矿渣为结晶度较低的工业副产物,含有丰富的钙及硅,是胶凝材料必备的原料。故以矿渣为主料,脱硫石膏/磷石膏和粉煤灰为辅料,一定量的生石灰为弱碱性激发剂,制备胶凝材料,大比例替代普通硅酸盐水泥,水泥与矿渣之比为 3∶7 组成初始胶结剂(ICM)。含石膏的胶凝材料详细配比如表 3-3 所示。

表 3-3　含石膏胶凝材料配比　　　　　　　　　　　　单位：%

序号	ICM	粉煤灰	脱硫石膏	磷石膏	生石灰
C	100				
BB-1	70	20	10		
BB-2	70	10	10		10
BB-3	70	20		10	
BB-4	70	10		10	10

　　煅烧后的铝灰具有良好的活性,以矿渣为主料,脱硫石膏为辅料,一定量的生石灰为弱碱性激发剂,制备胶凝材料,完全替代普通硅酸盐水泥,矿渣、生石灰和脱硫石膏的质量比为16∶4∶1(ICM)。含煅烧铝灰的胶凝材料详细配比如表 3-4 所示。

表 3-4　含煅烧铝灰胶凝材料配比　　　　　　　　　　单位：%

序号	ICM	CAD
C	100	0
S1	95	5
S2	90	10
S3	85	15
S4	80	20

3.3　测　试　方　法

3.3.1　单轴抗压强度测试

　　达到预养护时间的试块进行单轴抗压强度试验,单轴压力机选用 Humboldt HM-5030型试验机,最大加载能力为 50 kN。根据 ASTM C39/C39M-18 标准,试验时加载速率为1 mm/min(位移加载方式)。在测试之前,试块的两端尽可能保持平整,同时抹上凡士林以减小端部摩擦的影响。至少测试 3 个试块且取平均值作为其最终的单轴抗压强度。

3.3.2　孔隙测试

　　根据 ASTM D4404-18 标准,采用 Micromeritics' AutoPore Ⅳ 9500 型压汞仪对固化发泡充填体的孔隙分布进行测量。压汞仪最大工作压力为 414 MPa,孔径测试范围为3 nm~1 000 μm。试块经过单轴抗压强度测试以后,在远离破坏面处取一块试样,需要保证试样无明显的裂隙。将其浸泡在异丙醇中,终止水化 12 h,然后在真空干燥机中烘干至恒重。将试样制备成尺寸小于 10 mm×10 mm×10 mm 的小块,放入密闭干燥器以备测试。孔隙测试的结果受到很多因素的影响,如试样尺寸、预处理技术、汞侵入时的表面张力和接触角,其中汞压力与孔径的关系可表示为[99]：

$$d_p = -\frac{4\gamma\cos\theta}{p} \tag{3-1}$$

式中 γ——汞侵入孔隙的表面张力,本试验中取 $\gamma=4.85\times10^{-3}$ N/cm;

$\quad\quad\theta$——汞与孔壁的接触角,本试验中取 $\theta=130°$。

3.3.3 X-ray CT 孔隙分布图像重构及分形维数计算

为了进一步直观且无损地表征充填体的微观孔隙结构,采用 ICT 3400 型 X 射线断层扫描仪观测试件的横截面的二维图像。试件尺寸约为直径 10 mm×高 10 mm,每个试件约采集 50 张二维重构图像。然后将重构图像转换为二值化图像,计算孔隙分布的分形维数。具体计算过程如下[136]:

① 将图像矩阵分成行=列=$y(y=2i,i=0,1,2,3,\cdots,2i<$图像长度);

② 将包含 1 的图块数记为 $N(y)$,得到数据集$(y,N(y))$;

③ 采用最小二乘法拟合$-\ln y$-$\ln N(y)$曲线,确定其线性斜率,作为二值化图像的分形维数。

3.3.4 水化反应产物表征

不同胶凝物料体系的水化进程相差较大且能较大程度影响发泡充填体的强度特性,为避免发泡充填体骨料的物理和化学特性对测试结果的影响,制备相应配比的胶凝物料体系净浆进行 XRD 和 TG 等测试。

（1）XRD 测试

采用岛津 7000 型 X 射线衍射分析仪对胶凝材料水化过程中的物相变化进行表征。XRD 测试角范围为 $5°\sim50°$,扫描速度为 $5°$/min。

（2）TG 测试

采用 STA409PC 型同步热分析仪对某些特定水化产物进行定量分析。每次取约30 mg 的样品粉末放入氧化铝坩埚中,在氮气环境下由室温加热至 1 000 ℃,加热速率为 15 ℃/min。由此可计算出水化产物中化学结合水（CBW）和氢氧钙石（CH）的量：

$$CBW = \frac{M_{50}-M_{550}}{M_{550}}\times100\% \tag{3-2}$$

$$CH = \frac{M_{400}-M_{550}}{M_{550}}\times\frac{74}{18}\times100\% \tag{3-3}$$

式中,M_{50},M_{400} 和 M_{550} 分别为温度升至 50 ℃、400 ℃和550 ℃时样品剩余的质量。

3.4 试验结果分析

3.4.1 发泡剂量

由图 3-7 所示发泡剂量对常温固化发泡充填体单轴抗压强度的影响可以看出,随着发泡剂量的增加,相同固体质量浓度的发泡充填体 28 d 单轴抗压强度不断降低。例如,对于固体质量浓度为70%的发泡充填体来说,当发泡剂量为 0 时,其 28 d 单轴抗压强度为 2.64 MPa,发泡剂量为 3.2%时,其 28 d 单轴抗压强度降低至 0.42 MPa,降低了 2.22 MPa。强度的降低主要是因为发泡剂量增多使得浆体中生成了更多的气泡,微小气泡相互之间接触融合,气泡体积增大,且融合后气泡内部气压增加使得气泡体积进一步扩展,充填体固化后形成的大孔隙增多,发泡充填体的强度性能大大降低。这一点可由 2.4.1.3 小节中发泡充填料浆 4 h 终凝时的膨胀率佐证,发泡剂量为 0 时,70％固体质量浓度发泡充填体膨胀率为一13.2％,发泡剂量为 3.2％时其膨胀率为 18.6％,两者膨胀率相差 31.8％。其中,体积膨胀主要是由于大孔隙及大孔隙集聚而发生孔隙连通,这是导致强度明显下降的最主要因素。此外,发泡剂量由 0 增加至 0.8％时,固体质量浓度为 68％的发泡充填体单轴抗压强度由 2.64 MPa 降低至 1.92 MPa,降低了 0.72 MPa;而固体质量浓度为 76％的发泡充填体单轴抗压强度则由 3.69 MPa 降低至 3.15 MPa,降低了 0.54 MPa。发泡剂量由 2.4％增加至 3.2％时,固体质量浓度为 68％的发泡充填体单轴抗压强度由 1.01 MPa 降低至 0.42 MPa,降低了 0.59 MPa;而固体质量浓度为 76％的发泡充填体单轴抗压强度则由 1.98 MPa 降低至 1.05 MPa,降低了 0.93 MPa。可以看出,初始增加的发泡剂量(0→0.8％)对低固体质量浓度的发泡充填体强度影响明显,而后续增加的发泡剂量(2.4％→3.2％)对较高固体质量浓度的发泡充填体强度影响明显。也就是说,低固体质量浓度的发泡充填体会因为较少的发泡剂量而产生较多的大孔隙,而高固体质量浓度的发泡充填体则只会在发泡剂量达到一定程度时才会产生较多的大孔隙。这种差异主要与浆体的等效宾厄姆屈服应力和塑性黏度不同有关。无论发泡剂量如何,固化发泡充填体的单轴抗压强度都随着固体质量浓度的增加而增加,这主要是浆体流变特性和固结排水的耦合效应造成的。

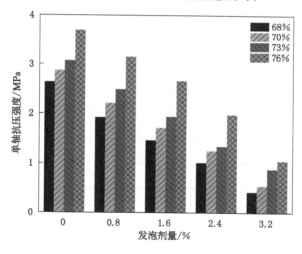

图 3-7　发泡剂量对固化 28 d 发泡充填体单轴抗压强度的影响

为研究发泡剂量对发泡充填体强度的影响机理,对 28 d 固化发泡充填体的微观孔隙结构进行了测试,本书中将孔隙分为四类:① 大孔(直径≥1 μm);② 毛细孔(0.1 μm≤直径＜1 μm);③ 过渡孔(0.01 μm≤直径＜0.1 μm);④ 凝胶孔(直径＜0.01 μm)。不同类型孔隙计算结果如图 3-8 所示。可以看出,无论固体质量浓度如何,随着发泡剂量的增加,总孔隙体积是不断增大的,且大孔的体积呈现明显的增长趋势,毛细孔、过渡孔和凝胶孔均没有出现较为明显的变化趋势。例如,当发泡充填料浆固体质量浓度为 68％时,发泡剂量从 0 增加至 3.2％,固化发泡充填体大孔体积从 0.046 1 mL/g 增加至 0.267 mL/g,各发泡剂量对应的毛细孔体积分别为 0.066 mL/g、0.067 mL/g、0.079 mL/g、0.083 mL/g 和 0.069 mL/g,过渡孔和凝胶孔体积分别为 0.061 mL/g、0.063 mL/g、0.065 mL/g、0.061 mL/g、0.056 mL/g 和 0.004 6 mL/g、0.011 mL/g、0.009 mL/g、0.012 mL/g、

0.008 mL/g。这说明处于浆体中的气泡易于扩展和融合,从而体现出较大的孔隙分布特征,这与普通充填体孔隙大部分都处于毛细孔范围的现象是不相同的。此外,随着固体质量浓度的增加,未加发泡剂的充填体大孔体积虽然变化较小但呈现增加的趋势,毛细孔和过渡孔体积也呈现增加的趋势且增加幅度较大,而凝胶孔没有明显的变化。对发泡充填体来说,发泡剂量越大,细孔、过渡孔和凝胶孔的变化趋势越不明显。

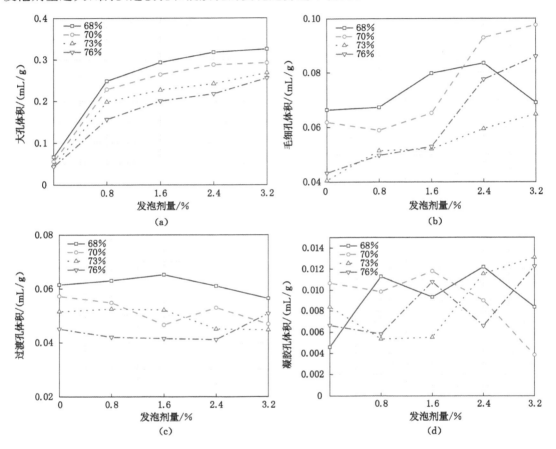

图 3-8 发泡剂量对固化 28 d 发泡充填体微观孔隙结构的影响

3.4.2 发泡充填骨料粒径

图 3-9 所示为发泡充填骨料粒径对常温固化发泡充填体 28 d 单轴抗压强度和孔隙率的影响。结果表明,在未添加发泡剂的情况下,发泡充填体的单轴抗压强度随体积平均直径的增大而增大,而在添加发泡剂时则呈现降低的变化趋势。例如,当体积平均直径从192 μm 增加到 398 μm 时,对应未发泡的固化充填体试样的单轴抗压强度从 2.88 MPa 增加到 3.37 MPa。这是由于骨料粒径分布较大时,未发泡固化充填体的孔隙率和颗粒间隙相对较小。这可由图 3-9(b)所示的孔隙率分布得以证实。例如,当体积平均直径从 192 μm增加到 398 μm 时,未发泡固化充填体试样孔隙率由 23.47% 下降至 18.11%。充填体在排水条件下固化时,允许颗粒间隙排出多余的水分,而粒径级配对排水有显著影响。使用的骨料越粗,溢出的水就越多。在初始固化过程中,这有助于充填体的自缩性沉降,从而降低了

孔隙率[40-41]。

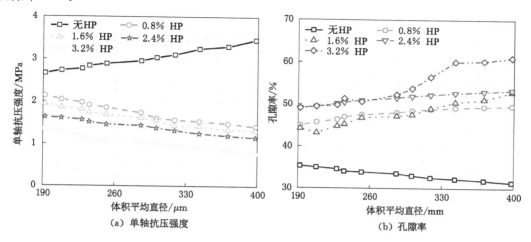

图 3-9 固化 28 d 发泡充填体单轴抗压强度和孔隙率随骨料粒径的变化

当加入发泡剂时,固化发泡充填体的单轴抗压强度与骨料的粒径级配呈现相反的变化趋势,如图 3-9(a)所示,即体积平均直径增大时,单轴抗压强度减小,且这种变化趋势在发泡剂量为 0.8%～3.2% 时都是一致的。例如,当骨料的体积平均直径从 192 μm 增加到 398 μm 时,发泡充填体在发泡剂量为 0.8%、1.6%、2.4% 和 3.2% 时其单轴抗压强度分别降低了 0.45 MPa、0.39 MPa、0.4 MPa 和 0.41 MPa。强度降低的原因是随着骨料粒径的增大,发泡充填体的孔隙率相应增大。例如,当骨料的体积平均直径从 192 μm 增加到 398 μm,发泡剂量为 0.8%、1.6%、2.4% 和 3.2% 时,孔隙率分别从 29.23%、35.23%、44.62%、51.63% 增加到 32.26%、39.24%、48.51%、55.52%。这是因为发泡充填料浆的剪切应力和黏度随着骨料粒径的增大而减小,这促进了固-液-气三相流动中气泡的形成和膨胀,从而导致固化发泡充填体的孔隙率更高。另外,加入发泡剂后,由于浆料的黏稠度增大,排水性减弱。在这种情况下,类似于未排水状态。粗骨料的堆积密度较小时,填充在大颗粒间隙中的细颗粒较少,从而导致孔隙比较高,颗粒骨架较弱,强度低。

对发泡充填体孔隙分布进行压汞测试,各类型孔隙体积统计结果如图 3-10 所示。对于未发泡的充填体,体积平均直径增大会导致大孔体积减小。而对于发泡充填体来说,随着骨料体积平均直径的增大,其大孔体积明显增大。例如,发泡剂量在 0.8%～3.2% 之间,骨料体积平均直径从 192 μm 增加到 398 μm 时,大孔体积分别从 0.182 4 mL/g、0.201 4 mL/g、0.212 7 mL/g 和 0.241 7 mL/g 增加到 0.218 5 mL/g、0.246 5 mL/g、0.270 1 mL/g 和 0.290 1 mL/g,而发泡剂量为 0 时,大孔体积则从 0.054 mL/g 降低到 0.037 mL/g。同时由图 3-10(b)可以看出,含不同骨料的发泡充填体的毛细孔体积表现出的差异不明显。发泡充填体在骨料体积平均直径为 286 μm 时毛细孔体积最大,未发泡充填体毛细孔体积最小。图 3-10(c)和图 3-10(d)所示的过渡孔和凝胶孔体积随着骨料粒径级配的变化波动很大。这在一定程度上是由于过渡孔和凝胶孔的随机封闭和连接状态影响了压汞试验的结果。同时,尽管压汞试验制备的试样远离破坏剪切带,但单轴压缩试验中孔隙和微裂纹的闭合也可能导致这种显著的波动。Kendall 等[137]指出,过渡孔和凝胶孔体积太小,在低压下不会产生裂缝,因此不会降低充填体的单轴抗压强度。然而,过渡孔和凝胶孔对发泡充填体的蠕变和收缩有一定的影响[138]。故骨料粒径级配对固化发泡充填体强度的影响主要是通过影响大孔体积来实现的。

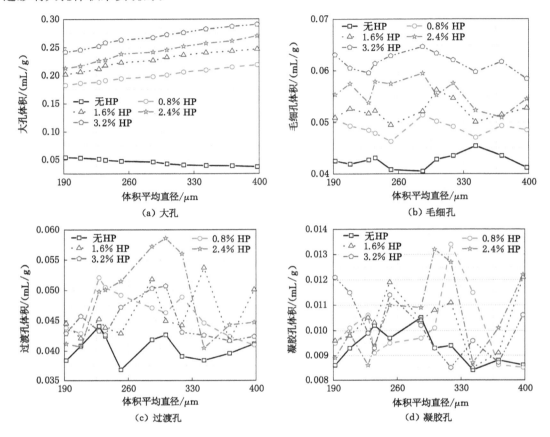

图 3-10　骨料粒径级配对固化 28 d 发泡充填体微观孔隙结构的影响

3.4.3　矿物添加剂

3.4.3.1　粉煤灰和生石灰

图 3-11 显示了粉煤灰的添加对发泡充填体强度的影响。可以看出,无论固化时间和固体质量浓度如何,发泡充填体强度都随着粉煤灰量的增加而显著降低。例如,当粉煤灰的添加量从 0 增加至 30% 时,固体质量浓度为 70% 的 7 d 固化试样的单轴抗压强度分别从 0.625 MPa 降至 0.535 MPa、0.373 MPa 和 0.293 MPa。发泡充填体固化后强度的降低一方面归因于粉煤灰火山灰反应缓慢,另一方面是因为掺入的粉煤灰导致料浆的等效宾厄姆屈服应力和塑性黏度降低,加速了气泡的扩展与融合,从而导致孔隙率较高。无论固体质量浓度和粉煤灰的含量如何,固化发泡充填体的强度都随着固化时间的延长而明显增加。这是由于矿物添加剂的火山灰反应和水泥等胶结剂不断水化生成大量的水化产物[如水化硅酸钙（C—S—H）、钙矾石和氢氧钙石]。但是,其强度增加的幅度有所不同。使用纯水泥的发泡充填体强度会迅速增大,直到 14 d,后续强度增长缓慢。而对于含粉煤灰的试样,直到 14 d 之后强度才明显增加,然后迅速增加。这说明粉煤灰的添加一定程度上降低了发泡充

填体胶凝体系的水化速度,且添加量越大,降低的效果越明显。

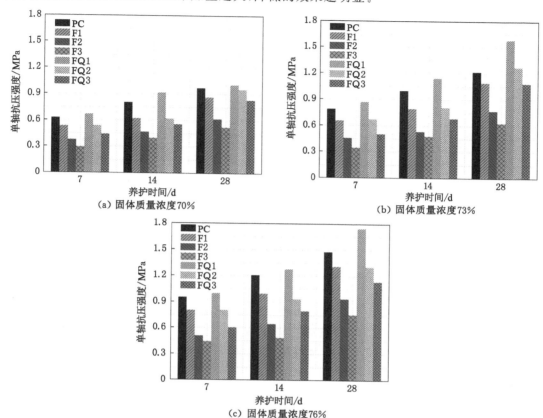

图 3-11　粉煤灰和生石灰的添加对发泡充填体强度的影响

　　图 3-11 也显示了由生石灰替代部分粉煤灰而引起的固化发泡充填体强度的变化,其中生石灰的替代率为 5%。无论固体质量浓度和固化时间如何,加入生石灰都会使试样的单轴抗压强度显著增加,其效果取决于粉煤灰的用量。与单独使用水泥制成的试样相比,包含 5% 粉煤灰和 5% 生石灰的试样的单轴抗压强度更高,尤其是养护时间达 28 d 时。将粉煤灰量增加至 15% 和 25% 时未观察到此现象。加入生石灰会提高充填体强度,一方面是因为生石灰水化后与粉煤灰中的无定形氧化硅及氧化铝反应生成了 C—S—H 及钙矾石,这些物质能降低充填体孔隙率且可增加其强度[57]。另一方面,由 $Ca(OH)_2$ 导致的发泡充填料浆中较高的碱度环境,激活了粉煤灰中桥式氧键[Si—O—Si(Al)]和非桥式氧键(Si—O)。反过来,粉煤灰颗粒释放出更多的无定形氧化硅和氧化铝参与水合反应,以产生更多的水化产物。另外,掺入生石灰可防止气泡在固-液-气三相浆液中上升和合并,从而在固化的充填体中产生致密的微观结构,进而提高充填体强度。

　　为分析粉煤灰和生石灰添加对发泡充填体微观结构的影响,对发泡充填体孔隙率和不同时期的水化反应进行了测试。孔隙率测试结果如图 3-12 所示,可以看出,孔隙率随粉煤灰量的增加而增加。例如,对于给定的固体质量浓度为 70%,由粉煤灰、水泥制成的 28 d 固化试样的孔隙率与由纯水泥制成的对照试样相比,分别增加 2.4%、5.83% 和 7.85%(粉煤灰添加量由 10% 增加至 30%）。添加生石灰后固化发泡充填体的孔隙率明显降低。而且如预期的那样，较高的固体质量浓度导致较低的孔隙率和较致密的微观结构。

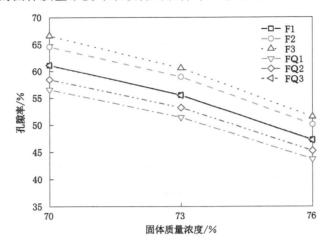

图 3-12　粉煤灰和生石灰的添加对不同固体质量浓度的发泡充填体孔隙率的影响

添加不同量的粉煤灰和生石灰的发泡充填体胶凝材料热重分析测试结果如图 3-13 所示。一般情况下，C—S—H 凝胶的热脱水温度为 $100 \sim 400 \ ℃$，钙矾石的热脱水温度为 $180 \sim 195 \ ℃$，氢氧钙石的热脱水温度为 $400 \sim 500 \ ℃^{[57,139-140]}$。因此，可以通过各阶段的质量损失来定量地表示相应物质的含量。图中温度为 $50 \sim 600 \ ℃$ 段为固化 PF（粉煤灰、水泥）和 FQ（粉煤灰、生石灰、水泥）胶结剂净浆膏体的失重速率（DTG）。可以看出，7 d 养护时间内，随着粉煤灰用量的增加，C—S—H 凝胶和钙矾石的生成量都有所减少，这与发泡充填体单轴抗压强度随粉煤灰添加量的变化趋势一致。总体看来，以 PF 为胶结剂的发泡充填体与纯水泥充填体中水化产物量相差较小，但 PF 试样的强度明显低于纯水泥试样。这主要是由于 PF 发泡充填体的孔隙率大，且大孔径孔隙的比例较大，很大程度上降低了其力学性能。此外，单碳铝酸盐的量在各个龄期内随粉煤灰添加量的变化表现得不明显。但其在 28 d 龄期的含量高于 7 d 龄期的含量，这是铝酸盐水合物与碳酸钙发生反应所致[140]。单碳铝酸盐的形成有利于钙矾石的稳定，可增加水化产物的生成。研究还发现，无论粉煤灰用量和固化时间如何，FQ 中凝胶产物 C—S—H、钙矾石、单碳铝酸盐和氢氧钙石的量均比 PF 中增加显著。这与发泡充填体试样的单轴抗压强度变化趋势是一致的。另外，含 5% 粉煤灰的 FQ 试样中水化产物含量与纯水泥的 DTG 曲线变化相似。然而，由 FQ 制备的发泡充填体的单轴抗压强度要比纯水泥试样的高，这可以解释为生石灰水化后的填充孔隙效应导致孔隙结构致密化。当加热温度升至 $400 \sim 500 \ ℃$ 时，可以发现，PF 中氢氧钙石量随着粉煤灰的增加而减少。这是由于一方面替代水泥减少了氢氧钙石的生成，另一方面粉煤灰的火山灰反应消耗了额外的氢氧钙石。

添加不同量的粉煤灰和生石灰的发泡充填体胶凝材料 XRD 物相分析结果如图 3-14 所示。众所周知，普通硅酸盐水泥的水化产物主要有氢氧钙石、钙矾石和无定形的水化硅酸钙（C—S—H），这些产物的量对固化后的充填体强度发展有较大的影响。此外，这些化合物存在于整个固化时间，因此，本次研究没有对水泥净浆体进行 XRD 分析。

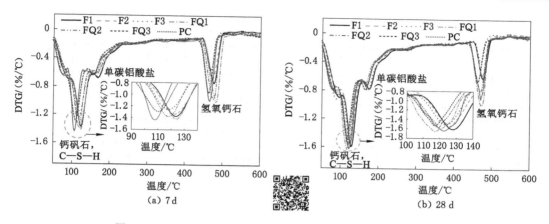

图 3-13　PF 和 FQ 胶结剂净浆 7 d 和 28 d 水化热重分析结果

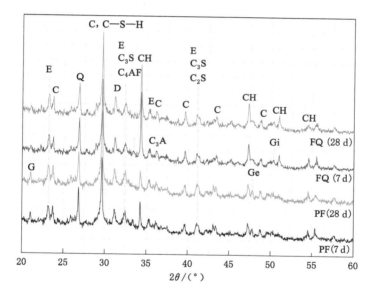

E—钙矾石；CH—氢氧钙石；C—石灰石；D—白云石；
Gi—水钙沸石；Ge—钙铝黄长石；G—石膏；Q—石英。

图 3-14　PF 和 FQ 胶结剂净浆 7 d 和 28 d 水化产物物相分析结果

7 d 的固化时间，PF 中检测到铝酸三钙（C_3A）峰，28 d 的固化时间，其峰值强度有所降低。这主要是由于固化过程中 FA 释放的非晶态铝含量较高，在某种程度上抑制了 C_3A 的水化过程，从而使充填体早期力学性能较弱，这与发泡充填体单轴抗压强度结果一致。随着固化过程的进行，C_3A 通过与溶解的 Si 反应而被消耗，形成 Ca—Al—Si 型胶凝产物。另外，氢氧钙石在 28 d 时的峰值强度低于 7 d 时的峰值强度，这是氢氧钙石参与二次水化和碳化的结果。这些水化产物的形成可解释由 PF 组成的发泡充填体在养护 7～28 d 期间强度的急剧提高。从图 3-14 中可以观察到，添加 5％生石灰后，石膏的峰值强度降低了。这主要是因为生石灰的碱性作用促使粉煤灰溶出活性硅和铝，与熟石膏［二水硫酸钙（$CaSO_4 \cdot 2H_2O$）脱水］反应形成钙矾石（$3CaO \cdot Al_2O_3 \cdot 3CaSO_4 \cdot 32H_2O$），有利于发泡充填体早期强度的形成。

但钙矾石对强度的影响远低于 C—S—H 凝胶的作用,这可能是由于钙矾石主要起填充孔隙的作用。另外,替换 5% 粉煤灰而掺入的生石灰胶凝系统通过生成 $CaAl_2Si_2O_8 \cdot 4H_2O$ 加速火山灰反应,有利于充填体早期(7 d)和中期(28 d)强度的增强[82]。FQ 固化净浆中的氢氧钙石峰随着固化过程的进行而减少,这与 PF 固化膏体的氢氧钙石峰变化类似。另外,FQ 膏体中钙铝黄长石的峰值强度明显低于 PF 膏体,这与其膏体中 $Ca(OH)_2$ 含量较高有关。在 7 d 和 28 d 固化时间内,FQ 膏体中 C—S—H 和方解石的强度均高于 PF 膏体。一般来说,C—S—H 和方解石是固化发泡充填体中主要的矿物相。较高含量的 C—S—H 和方解石不仅有助于充填体中固体颗粒间的联结性增强,而且填充了孔隙空间,从而降低了孔隙率,提高了强度。

3.4.3.2 高炉矿渣和生石灰

图 3-15 显示了在 28 d 的固化时间内,高炉矿渣和生石灰替代部分水泥对固体质量浓度为 70%～76% 的发泡充填体强度性能的影响。可以看出,发泡充填体的强度随着高炉矿渣替代水泥量的增加而增加。通常,在普通充填体中添加高炉矿渣会降低强度,因为其火山灰反应活性相对较低。但是,在发泡充填体上观察到现象却是相反的。这主要是因为高炉矿渣的加入增加了发泡充填料浆的等效宾厄姆屈服应力和表观黏度,从而降低了固化发泡充填体的内部孔隙率。在 7 d 的固化时间和 73% 的固体质量浓度下,与使用纯水泥的试样相比,当高炉矿渣替代水泥的量达到 10%、20% 和 30% 时,发泡充填体的单轴抗压强度分别增加了 5.35%、11.6% 和 21.66%。当固化时间达到 28 d 时,与对照试样相比,发泡充填体的单轴抗压强度分别增加了 11.18%、20.56% 和 30.67%。这是因为随着胶结剂水化的进行,水化硅酸钙和钙矾石增多,从而导致微观结构更致密,具有更高的强度[141]。另外,发现高炉矿渣对发泡充填体强度的增益效应取决于固体质量浓度。例如,在 28 d 固化时间下固体质量浓度为 70% 的试样,与对照试样相比,当高炉矿渣替代水泥的量达到 10%、20% 和 30% 时,发泡充填体单轴抗压强度增加了 10.02%、24.48% 和 33.88%。而固体质量浓度为 76% 的试样的单轴抗压强度分别增加了 13.08%、21% 和 29.27%。另外,图 3-15 也显示了添加生石灰替代部分高炉矿渣而导致的充填体强度的变化。5% 生石灰的加入进一步增加了发泡充填体的力学特性。与 G1、G2 和 G3 试样相比,含 5% 生石灰的固体质量浓度为 73% 的 28 d 固化试样的单轴抗压强度分别增加了 0.663 MPa(5% 高炉矿渣)、0.8 MPa(15% 高炉矿渣)和 1.024 MPa(25% 高炉矿渣)。生石灰的加入引起的强度增加与较低的孔隙率,以及碱活化导致水化反应加快有关。

图 3-16 给出了高炉矿渣和生石灰添加对固化 28 d 且固体质量浓度在 70%～76% 之间的发泡充填体孔隙率的影响。可以看出,孔隙率随高炉矿渣量的增加而降低。例如,对于给定的固体质量浓度 70%,与由纯水泥制成的对照试样相比,以 PG(水泥和高炉矿渣)作为胶结剂的充填体孔隙率分别降低了 0.26%、0.45% 和 1.68%(高炉矿渣添加量从 10% 增加到 30%)。同时,添加生石灰后固化发泡充填体的孔隙率明显降低。而且如预期的那样,较高的固体含量导致较低的孔隙率和较致密的微观结构。与含粉煤灰或纯水泥的发泡充填体相比,含高炉矿渣的充填体具有较低的孔隙率。

图 3-17 为 PG 和 GQ(水泥、高炉矿渣和生石灰)发泡充填体胶结剂净浆膏体 7 d 和 28 d 水化热重分析结果。在水化 7 d 和 28 d 时,随着高炉矿渣量的增加,PG 中 C—S—H 和钙

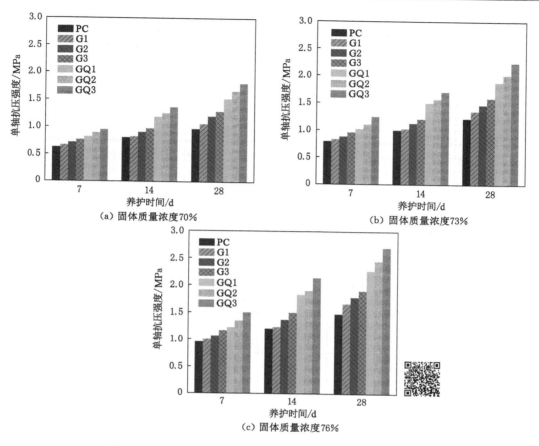

图 3-15　高炉矿渣和生石灰的添加对发泡充填体强度的影响

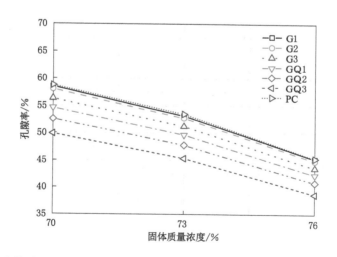

图 3-16　高炉矿渣和生石灰的添加对不同固体质量浓度的发泡充填体孔隙率的影响

矾石的失重率降低,这表明较高的高炉矿渣量导致 PG 固化膏体中 C—S—H 和钙矾石的含量降低。该试验结果与单轴抗压强度结果相矛盾,这是因为较低孔隙率(图 3-16)导致的强度增强超过了 C—S—H 和钙矾石含量较低引起的强度降低。也可以通过比较 PC 和 PG 的水化产物的量和孔隙率来验证这种解释。PC 中的 C—S—H 和钙矾石的含量几乎与 PG 中的相同。但是,PG 制备的发泡充填体的孔隙率低于纯水泥制备试样的孔隙率(图 3-16),从而导致前者单轴抗压强度略高。这表明与水化产物相比,孔隙率对固化发泡充填体的强度影响更大。另外,PC 中的氢氧钙石含量明显高于 GQ1,这意味着与 C—S—H 相比,氢氧钙石对充填体强度的影响并不明显。随着加热温度升高至 $100 \sim 200$ ℃,可以发现,高炉矿渣的添加量对单碳铝酸盐的生成没有明显影响。用 5% 的生石灰代替 5% 的高炉矿渣,与 G1、G2 和 G3 相比,GQ1、GQ2 和 GQ3 中除单碳铝酸盐以外的水化产物在 7 d 和 28 d 水化时间内均显著增加。GQ 比 PC 具有更多的凝胶产物,且较高含量的凝胶产物和较低的孔隙率(图 3-16)导致由 GQ 制备的发泡充填体比 PC 表现出较高的单轴抗压强度。C—S—H 和钙矾石的含量随固化时间的延长明显增加,而单碳铝酸盐和氢氧钙石的含量几乎保持不变。

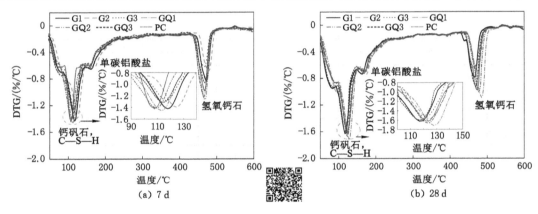

图 3-17   PG 和 GQ 胶结剂净浆 7 d 和 28 d 水化热重分析结果

对比图 3-13 和图 3-17 可知,PG 固化净浆膏体中 C—S—H、钙矾石、单碳铝酸盐和氢氧钙石等水化产物的量要高于 PF 固化膏体。这可以解释基于 PF 制备的发泡充填体的强度较低的现象。随着生石灰的加入,GQ 中水化产物的含量仍高于 FQ 中水化产物的含量。这是因为生石灰对高炉矿渣的碱激发活化作用更明显,高炉矿渣的无定形玻璃相含量高,整体矿物的聚合度较低,活性高。另外,在 $7 \sim 28$ d 的固化时间下,GQ 中氢氧钙石的消耗量要高于 FQ,这进一步说明 GQ 中生石灰的加速作用比 FQ 中要明显。

高炉矿渣被广泛描述为低结晶相的矿物,其玻璃体含量较粉煤灰多,因此,高炉矿渣具有更高的活性[142]。此外,网络迁移离子 Ca^{2+} 和 Mg^{2+} 的含量较高,可以提高聚合物的解聚度[143-144]。因此,粉煤灰基净浆与高炉矿渣基净浆的水化过程在晶相的形成和消耗方面存在一定差异。图 3-18 为 PG 和 GQ 发泡充填体胶凝材料净浆膏体在水化 7 d 和 28 d 时的 XRD 物相分析结果。正如预期的那样,在 PG 和 GQ 浆料中几乎检测不到 C_3A 的峰值强度。这是由于 PG 和 GQ 浆料中 Al 的初始含量较低。从高炉矿渣和水泥中溶解的 Al 以 $Al(OH)^{4-}$ 的形式存在,与氢氧钙石反应生成 C_3A[145]。然后,碱性活化下溶解的硅与 C_3A 反应生成非晶态凝胶产物。由图 3-18 还可以看出,28 d 水化 PG/GQ 膏体中钙矾石、方解石和 C—S—H 凝胶的物相峰值强度较 7 d 水化时明显增加,这与充填体强度随固化时间的变化趋势一致。然而,随着水化过程的进行,氢氧钙石的峰值强度呈现相反的变化趋势。随着固化时间的增加,PG 和 GQ 膏体水化过程持续进行,其水化产物也会增加。而生石灰掺入时,C—S—H 和方解石的峰值强度明显增加。如前所述,这些水化产物有利于增强固体颗粒之间的结合力,并形成更致密的微观结构。因此,如图 3-15 所示,基于 GQ 制备的发泡充填体的强度要高于 PG 的强度。一般来说,富钙相中钙的溶解在玻璃相中形成带负电荷的富硅面层,阻碍富钙相中钙的持续溶解,缓解玻璃相的水解反应[144]。加入碱活化剂(生石灰)产生额外的氢氧化钙,侵蚀玻璃相,促进玻璃相水解,进而促进火山灰反应。研究还发现,用等量生石灰替代高炉矿渣后,由于 $Ca(OH)_2$ 的消耗增加和水化反应加速,氢氧钙石的峰值强度降低。另外,对比图 3-14 和图 3-18 可以发现,高炉矿渣基膏体的水化反应速率要高于粉煤灰基膏体。而与粉煤灰基膏体相比,高炉矿渣基膏体的峰值强度较低。这主要与高炉矿渣基膏体中活性硅含量较高有关,其消耗较多石膏形成钙矾石。

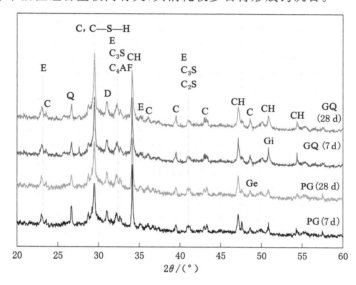

E—钙矾石;CH—氢氧钙石;C—石灰石;D—白云石;Gi—水钙沸石;Ge—钙铝黄长石;Q—石英。

图 3-18　PG 和 GQ 胶结剂净浆 7 d 和 28 d 水化产物物相分析结果

3.4.3.3　石膏(脱硫石膏和磷石膏)

图 3-19 为脱硫石膏和磷石膏的添加对发泡充填体强度和孔隙分布的影响。在 3 d 和 28 d 水化时间时,C 发泡充填体的单轴抗压强度分别为 0.69 MPa 和 1.43 MPa。添加粉煤灰后,BB-1—BB-4 强度都会相应减小。水化 3 d 时,其单轴抗压强度分别为 0.54 MPa、0.63 MPa、0.55 MPa 和 0.66 MPa;而水化 28 d 时,其单轴抗压强度分别为 0.98 MPa、1.24 MPa、1.15 MPa 和 1.36 MPa。虽然添加 10% 的脱硫石膏/磷石膏能够提高早期水化反应速率,产生较多的钙矾石填充颗粒间隙,但是由于粉煤灰的微球润滑效应,气泡在浆体阶段相对较容易扩展,固化发泡充填体孔隙率增大、强度减小。这可以通过图 3-19 所示的固化 28 d 发泡充填体各孔径孔隙体积分布证实。可以看出,与前述的发泡充填体的各类型孔隙体积分布规律相似,即小于 1 μm 的凝胶孔、过渡孔及毛细孔的体积均与强度相关性很小,只有大于 1 μm 的大孔体积决定着充填体的强度。BB-2 和 BB-4 比 BB-1 和 BB-3 的单轴抗压强度要大,这归因于生石灰的加入加速了矿渣和粉煤灰的水化反应,更多的 C—(A)—

S—H 凝胶物质及钙矾石生成,固体骨架得以强化。同时,生石灰的加入会增加浆体的屈服应力和黏度,阻止气泡的扩展与融合,使其具有相对较小的孔隙率。

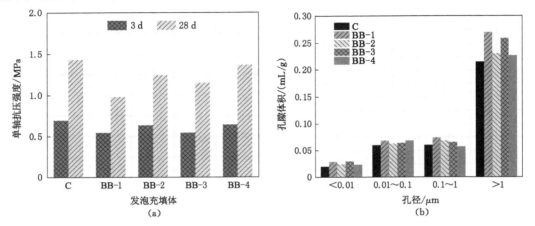

图 3-19　脱硫石膏和磷石膏的添加对发泡充填体强度和孔隙分布的影响

通过 XRD 分析研究了添加脱硫石膏和磷石膏的发泡充填体胶凝材料在水化 3 d 和 28 d 时的水化产物物相,结果如图 3-20 所示。其水化产物主要为钙矾石(AFt)、氢氧钙石、C—(A)—S—H 和石灰石。与 BB-1—BB-4 相比,C 试样所含的钙矾石峰值强度较低,这是由于 BB-1—BB-4 试样中添加了一定量脱硫石膏和磷石膏,从而提供了更高浓度的硫酸根离子。根据文献[146-148],早期形成的钙矾石填补了固体颗粒骨架中的空隙,降低了孔隙率,能够提高固化充填体的强度。由于结晶度较低,在水化时间为 3 d 和 28 d 时,所有试样中都很难检测到单硫铝酸盐(AFm)[149-151]。在 3 d 的水化时间内,BB-1—BB-4 试样的单碳铝酸盐(M$_c$)峰值强度均高于 C 试样。这是由于脱硫石膏和磷石膏中含有一定量的石灰石,水泥熟料中的铝酸三钙及粉煤灰中活性氧化铝均可与石灰石反应形成单碳铝酸盐[152]。与磷石膏相比,脱硫石膏中石灰石含量较高,从而导致 BB-1 和 BB-2 试样中的单碳铝酸盐的峰值强度分别高于 BB-3 和 BB-4 试样。此外,添加磷石膏的试样(BB-3 和 BB-4)在 3 d 的水化时间内,半碳铝酸盐(H$_c$)峰值强度比添加脱硫石膏的试样(BB-1 和 BB-2)高。这可能与含磷石膏的胶凝材料中较低的碳酸盐/氧化铝比率有关,其更有利于形成半碳铝酸盐[149,153-154]。BB-1 和 BB-3 试样的氢氧钙石峰相对较低,这是由于粉煤灰与矿渣发生火山灰反应消耗了大量的氢氧钙石。

在 28 d 的水化时间内,钙矾石和半碳铝酸盐的物相峰均增强,而单碳铝酸盐的物相峰减弱。钙矾石的增加是胶凝材料随着养护时间的延长,其水化程度升高所致。由于半碳铝酸盐/单碳铝酸盐的形成,孔隙溶液中碳酸盐的浓度降低,较低的碳酸根/氢氧根比率使单碳铝酸盐不稳定,其结构中一半的碳酸根基团被氢氧根取代形成半碳铝酸盐[149,155]。在 28 d 的水化时间内,由于火山灰反应,BB-1 和 BB-3 中氢氧钙石的物相峰值强度明显下降;而在 BB-2 和 BB-4 中,由于加入了生石灰,氢氧钙石峰值强度只略有下降。粉煤灰反应性较弱导致 BB-1—BB-4 试样中 C—S—H 的峰值强度相对 C 试样较低。此外,在所有的胶凝材料中均能检测到镁黄长石,说明矿渣释放的活性氧化镁参与了水化反应。

通过 TG 测试来量化添加脱硫石膏和磷石膏的发泡充填体胶凝材料中特定类型水化产

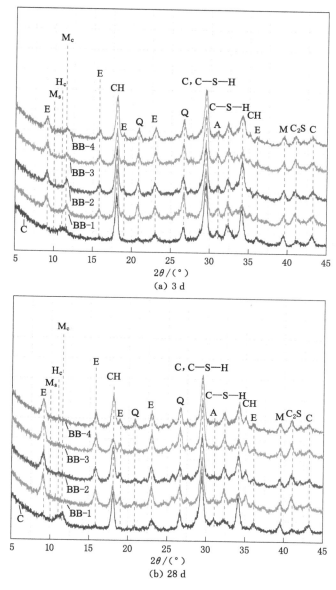

E—钙矾石；M_s—单硫酸盐；H_c—半碳铝酸盐；M_c—单碳铝酸盐；

CH—氢氧钙石；C—石灰石；D—白云石；M—莫来石；A—镁黄长石；Q—石英。

图 3-20　添加脱硫石膏和磷石膏的发泡充填体 XRD 物相分析结果

物，其中，TG 和 DTG 结果如图 3-21 和图 3-22 所示。从图中可以看出，C 试样在 3 d 和 28 d 的水化时间内水化产物量最多，这与水泥熟料的总含量较高有关。由于脱硫石膏中硫酸盐含量高于磷石膏，因此 BB-1 中钙矾石的含量高于 BB-3，这是两种胶凝材料水化产物量的主要差异，生石灰的加入显著提高了胶凝材料的反应速率。生石灰水化增加了 OH^- 浓度，更高的 pH 环境溶解粉煤灰和矿渣颗粒，使其共价键 Ca—O、Mg—O、Si—O—Si、Si—O—Al 和 Al—O—Al 断裂[156-158]，活性铝和硅在氢氧钙石存在的条件下参与水化反应生成 C—S—H/

C—（A）—S—H。此外，粉煤灰溶解释放的 Al 也有助于钙矾石的形成。而在改善胶凝材料水化反应方面，生石灰对 BB-4 在早期的加速作用比 BB-2 更明显。这是因为磷石膏表现出较弱的酸性，对碱活化胶凝系统的延缓作用比脱硫石膏稍小。随着水化时间延长至 28 d，除石灰石外，所有类型胶凝材料的水化产物形成总量都非常接近。BB-3 和 BB-4 的石灰石含量高于 BB-1 和 BB-2，这是由于额外的氢氧钙石的碳化作用而导致的。

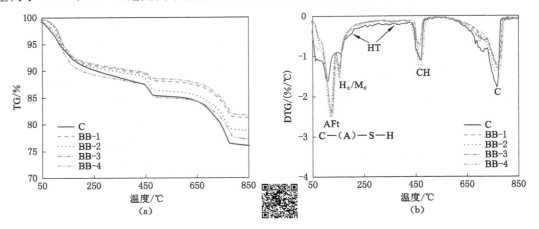

AFt—钙矾石；H_c—半碳铝酸盐；M_c—单碳铝酸盐；HT—水滑石；CH—氢氧钙石；C—石灰石。

图 3-21　添加脱硫石膏和磷石膏的发泡充填体 3 d 水化时间热重分析结果

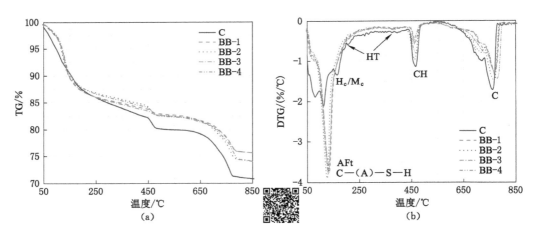

AFt—钙矾石；H_c—半碳铝酸盐；M_c—单碳铝酸盐；HT—水滑石；CH—氢氧钙石；C—石灰石。

图 3-22　添加脱硫石膏和磷石膏的发泡充填体 28 d 水化时间热重分析结果

由图 3-21(b) 和图 3-22(b) 可以看出，在 50～200 ℃ 之间的质量损失对应于钙矾石和 C—（A）—S—H 的化学结合水（CBW）。BB-1—BB-4 的质量损失均比较明显，从而表明脱硫石膏和磷石膏有加速水化反应的作用。BB-1—BB-4 呈现更明显的半碳铝酸盐/单碳铝酸盐峰值，与图 3-20 结果一致。在 400～550 ℃ 之间的峰值与氢氧钙石的脱水失重有关。使用归一化方法计算各类型胶凝材料在不同养护时间内化学结合水和氢氧钙石的量，结果如图 3-23 所示。BB-2 和 BB-4 在 3 d 水化时间内的化学结合水含量较高，分别为 15.65% 和 17.02%，显示生石灰对水化反应的加速作用。当水化时间达到 28 d 时，BB-1—BB-4 试样的化学结合水含量基本一致,说明 BB-2 和 BB-4 在水化过程中消耗了更多的氢氧钙石。在 3~28 d 期间,BB-2 和 BB-4 消耗氢氧钙石的量分别约为 2.5% 和 2.9%,说明生石灰对添加磷石膏的胶凝材料活化效果更好。

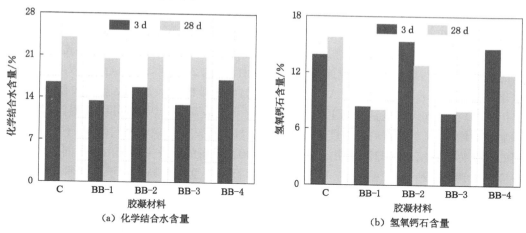

(a) 化学结合水含量　　　　(b) 氢氧钙石含量

图 3-23　添加脱硫石膏和磷石膏的发泡充填体 3 d 和 28 d 水化时间化学结合水和氢氧钙石的含量

3.4.3.4　铝灰

图 3-24 为煅烧铝灰的添加对发泡充填体强度和孔隙分布的影响。在 3 d 和 28 d 水化时间内,C 发泡充填体的单轴抗压强度分别为 1.03 MPa 和 1.71 MPa。添加煅烧铝灰后,S1—S4 强度都会相应减小。水化 3 d 时,其单轴抗压强度分别为 0.86 MPa、0.84 MPa、0.61 MPa 和 0.5 MPa;而水化 28 d 时,其单轴抗压强度分别为 1.68 MPa、1.29 MPa、0.98 MPa 和 0.71 MPa。随着煅烧铝灰添加量的增加,ICM 含量减少,由于煅烧铝灰的活性低于高炉矿渣,故初始水化产物减少。铝灰中铝化合物(AlN、Al_4C_3、AlP 和 Al_2S_3)与水反应也会生成一定量的气体,但高炉矿渣作为胶凝材料,其比表面积较大,对水的需求量高,此时浆体的屈服应力与黏度较高,会抑制气泡的扩展。随着煅烧铝灰添加量的增加,气泡扩

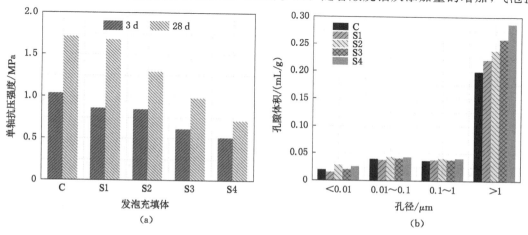

(a)　　　　　　　(b)

图 3-24　煅烧铝灰的添加对发泡充填体强度和孔隙分布的影响

展与融合会更加显著,故发泡充填体的孔隙率会越来越高,这可以由图3-24(b)所示各类型孔隙体积分布证实。可以看出,随着煅烧铝灰添加量的增加,大孔体积也会相应增加,此时发泡充填体的力学性能大大下降。

通过XRD对煅烧铝灰添加后的发泡胶凝材料3 d和28 d的水化产物物相进行分析,试验结果如图3-25所示。可知,其主要的X射线衍射峰有钙矾石、氢氧钙石、C—S—H凝胶、半碳铝酸盐/单碳铝酸盐和水滑石等。初始水化反应生成的钙矾石主要是由煅烧铝灰和高炉矿渣释放的活性Al_2O_3与脱硫石膏反应而得。当水化时间达到28 d时,由于硫酸盐浓度降低,铝酸盐水化反应生成部分单硫铝酸盐(AFm)[149,154]。但由于单硫铝酸盐的结晶度较低,其衍射峰难以用XRD检测到。氢氧钙石则主要由生石灰与水反应而得。因此,可以推测,随着煅烧铝灰添加量的增加,氢氧钙石峰值强度会有明显的下降。而试验结果中相同龄期、不同胶凝材料之间的氢氧钙石的衍射峰却没有明显差异。这种相互矛盾的结果主要是由于不同胶凝材料水化反应生成钙矾石和C—(A)—S—H时对氢氧钙石消耗量的差异。对于不同水化时间的试样,氢氧钙石峰显著降低,这说明高炉矿渣和煅烧铝灰的火山灰反应消耗了氢氧钙石。

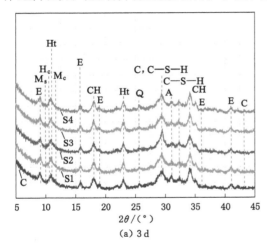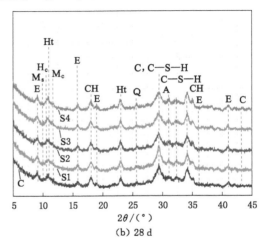

E—钙矾石;M_s—单硫酸盐;H_c—半碳铝酸盐;M_c—单碳铝酸盐;Ht—水滑石;
CH—氢氧钙石;C—石灰石;D—白云石;M—莫来石;A—镁黄长石;Q—石英。

图3-25 添加煅烧铝灰的发泡充填体XRD物相分析结果

XRD检测到的半碳铝酸盐/单碳铝酸盐是由脱硫石膏和高炉矿渣中含的石灰石与非晶态Al_2O_3在氢氧钙石存在下反应生成的。在初始水化时,充足的石灰石有助于单碳铝酸盐的形成,而在后续水化中,由于CO_3^{2-}的摩尔浓度不足,形成了半碳铝酸盐。Matschei等[154]认为,$CO_3^{2-}/(CO_3^{2-}+2OH^-)$的摩尔比在0.5~0.8之间有利于单碳铝酸盐和半碳铝酸盐的共存。所有胶凝材料试样在水化28 d时矿物相比水化3 d有更强的单碳铝酸盐峰。这是由于氢氧化钙和氢氧化镁的碳化使CO_3^{2-}的摩尔浓度增加。水滑石(Ht)矿物相则揭示了高炉矿渣中活性MgO参与了水化反应,这在文献[159]中也有所报道。

对煅烧铝灰添加后的发泡胶凝材料3 d和28 d的水化产物进行热重分析测试,结果如图3-26和图3-27所示。从TG结果可以看出,煅烧铝灰添加量的增大会降低3 d水化产物的含量。这与胶凝材料中脱硫石膏含量减少导致钙矾石生成量减少有关,这可以由

图 3-26(b)中的 DTG 结果证明。另外,由于高炉矿渣的粒径较小且无定形玻璃相含量高,因此它比煅烧铝灰具有更高的反应活性。用煅烧铝灰代替 ICM 会减少 C—S—H 的生成量。在 28 d 的水化时间内,S1 试样(含 5%煅烧铝灰)产生的水化产物比 C 试样多,这可能归因于 ICM 中额外的生石灰可用于在 3~28 d 时活化煅烧铝灰,提高水化反应程度。当煅烧铝灰的添加量达到 10%或更多时,由于生石灰不足,整体胶凝系统的水化程度降低。与水化 3 d 相比,C 试样的半碳铝酸盐/单碳铝酸盐含量更高,这与 XRD 结果一致。这是由于碳化引起的碳酸盐增加,可以通过石灰石在 650~800 ℃的分解峰来证实。

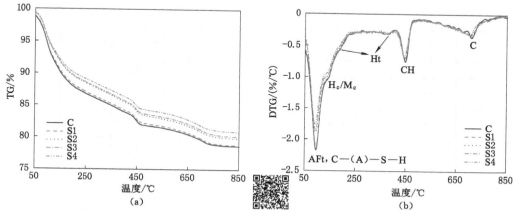

AFt —钙矾石;H_c—半碳铝酸盐;M_c—单碳铝酸盐;Ht —水滑石;CH —氢氧钙石;C —石灰石。

图 3-26 添加煅烧铝灰的发泡充填体 3 d 水化时间热重分析结果

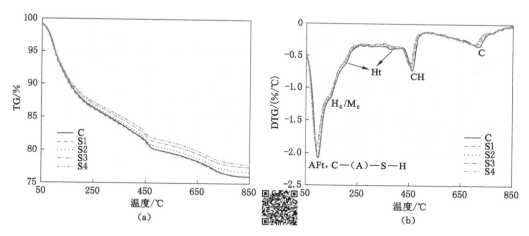

AFt —钙矾石;H_c—半碳铝酸盐;M_c—单碳铝酸盐;Ht —水滑石;CH —氢氧钙石;C —石灰石。

图 3-27 添加煅烧铝灰的发泡充填体 28 d 水化时间热重分析结果

煅烧铝灰添加后的发泡胶凝材料水化 3 d 和 28 d 所含的化学结合水和氢氧钙石归一化计算结果如图 3-28 所示。可以看出,随着煅烧铝灰的添加量从 0 增加到 20%,水化 3 d 时,化学结合水含量从 21.3%降低到 18.43%,减少量为 2.87%;而水化 28 d 时,化学结合水含量从 24.7%降低到 22.12%,减少量为 2.58%。这表明在 3~28 d 水化反应期间,碱激发煅烧铝灰的水化反应速率比碱激发高炉矿渣快。S1 试样的化学结合水含量(24.89%)高于 C

试样(24.7％),这验证了 28 d 水化时间 S1 试样中产生了更多的钙矾石、单硫铝酸盐和 C—(A)—S—H。随着水化时间的延长,所有胶凝材料的氢氧钙石含量明显增加,这表明生石灰 3 d 的水化反应不充分。此外,所有胶凝材料的氢氧钙石含量 3～28 d 的增量分别为 4.05％、3.76％、2.92％、2.42％和 2.29％,这主要与水化反应过程氢氧钙石的消耗和初始生石灰的含量有关。

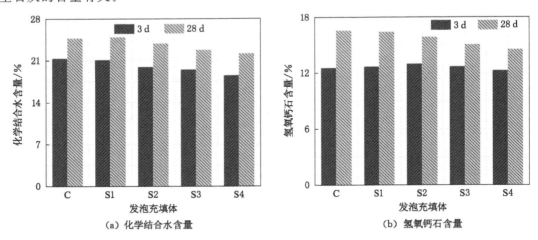

（a）化学结合水含量 　　　　　 （b）氢氧钙石含量

图 3-28　添加煅烧铝灰的发泡充填体 3 d 和 28 d 水化时间化学结合水和氢氧钙石的含量

3.5　微观孔隙结构对发泡充填体强度的影响机制

据文献[160],充填体的抗压强度取决于孔隙微观结构和水化程度。一般来说,固化条件(养护温度和湿度)、水灰比、胶结剂颗粒细度等对充填体水化程度有显著的影响[161-162]。本书中,选取养护条件和原料均一致的发泡充填体试样,此时,其力学性能基本取决于孔隙分布特性。由 3.4.1 和 3.4.2 小节中的试验结果及分析可知,骨料粒径与发泡剂量对发泡充填体的孔径分布有显著的影响,对充填体的单轴抗压强度与各类型孔隙体积百分比做线性拟合分析,结果如图 3-29 所示。

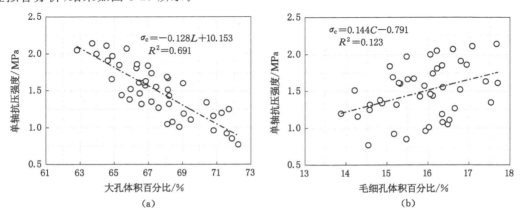

图 3-29　发泡充填体单轴抗压强度与大孔、毛细孔、过渡孔及凝胶孔体积百分比之间的关系

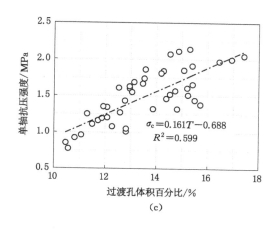 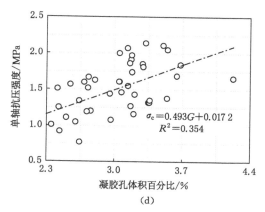

图 3-29(续)

由图 3-29 可知,单轴抗压强度与大孔、毛细孔、过渡孔及凝胶孔的体积百分比之间的线性拟合相关系数平方值(R^2)分别为 0.691、0.123、0.599、0.354。相关系数平方值(R^2)较低,且毛细孔、过渡孔及凝胶孔体积百分比与单轴抗压强度存在一定的正相关关系,这与实际是不符的。

一般来说,固化充填体的孔隙率与强度之间存在着密切的关系,文献[102,163-165]已经证实。因此,对单轴抗压强度与孔隙率之间的关系进行线性回归拟合,如图 3-30 所示。可以看出,孔隙率越大,单轴抗压强度越小,线性拟合的相关系数平方值(R^2)为 0.753。因此,对于发泡充填体试样来说,大孔体积百分数和孔隙率不能作为表征强度与微观结构关系的特征参数。

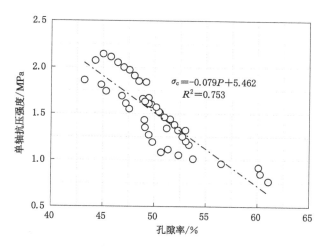

图 3-30　发泡充填体单轴抗压强度与孔隙率之间的关系

发泡充填体的孔隙特征与普通充填体不同。普通充填体的主要孔径范围为 0.01~1 μm,而发泡充填体的主要孔径范围为 1~500 μm。而且孔径越大,越容易受应力作用而产生破坏。为了表征单轴抗压强度与大孔之间的关系,进行了 X-ray CT 试验来表征其孔径分布特征。图 3-31 为发泡充填体横截面经 X 射线 CT 扫描和重建后的二值化图像。值得注意的是,随着发泡剂量的增加,超大孔隙("有害孔")体积增加,从而导致孔隙分布不均匀程度增加。每 20 层选取一个剖面,计算孔隙分布的分形维数。每个试样共 50 个断面的平均分形维数用来表征发泡充填体的孔隙特性。随着超大孔隙数量的增加,分形维数相应增大。分别统计孔径在 50 μm、100 μm 和 200 μm 以上的孔隙分布的分形维数,对试件的单轴抗压强度和各孔隙分布分形维数进行数据拟合分析,结果如图 3-32 所示。从图 3-32 中可以看出,单轴抗压强度随孔隙分布的分形维数的增加呈线性递减,相关系数的平方值(R^2)均大于 0.9。这表明,孔隙分布的分形维数可以较为准确地表征发泡充填体的微观结构。发泡充填体试样的强度主要取决于 100 μm 以上超大孔隙("有害孔")的体积及分布形态。

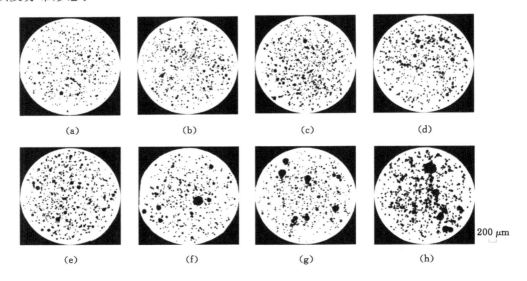

图 3-31 发泡充填体 X 射线 CT 扫描后的横断面二值化图像

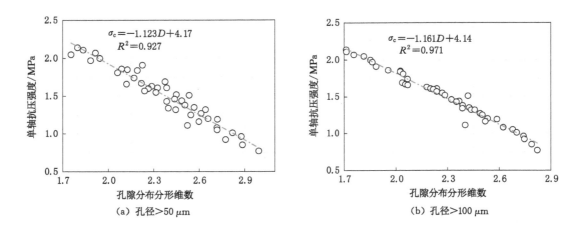

图 3-32 发泡充填体单轴抗压强度与孔隙分布分形维数之间的关系

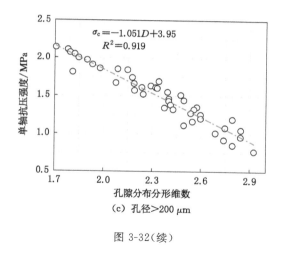

图 3-32(续)

3.6　矿物添加剂对常温固化发泡充填体水化反应的影响机制

由以上试验结果可知,矿物添加剂对常温固化发泡充填的影响主要体现在两个方面:一是由于矿物添加剂颗粒的"形状效应"改变发泡充填料浆的流变特性,从而影响气泡的分布状态,待浆体终凝后,发泡充填体初始的孔隙结构特征基本形成;二是由于矿物添加剂的化学成分组成和矿物结晶形态不同而表现出不同的火山灰活性,等比例替换水泥后影响发泡充填体胶凝系统的水化反应速率。此时,水化产物的不同生成量也在后续的养护期内对发泡充填体的微观孔隙结构造成一定程度的影响,这主要体现为钙矾石等水化产物对颗粒间隙的填充作用。同时,C—S—H 作为水化反应的最为重要的产物,其在发泡充填体的强度增加上起到了较为关键的作用。

关于矿物添加剂对整体胶凝系统水化反应产物量的影响方面,在 3.4 节中利用 XRD 物相和 TG 热重分析已经进行了详细的表征。但对于因矿物添加剂成分不同而导致的C—S—H 表现出不同的元素比(Ca、Si、Al)没有进一步的讨论。根据文献[166]可知,C—S—H 中不同的 Ca/Si 和 Al/Si 元素比会影响其抗腐蚀和重金属离子吸附等方面的性能。因此,本节选取添加石膏(脱硫石膏和磷石膏)制备发泡充填体(见表 3-2)所用的胶结剂,采用 EDS 能谱仪对 28 d 固化发泡充填体胶结剂水化产物进行元素打点分析,结果如图 3-33 所示。由图 3-33 可以看出,C 试样主要由水泥熟料和矿渣组成,其水化反应形成的 C—S—H 的 Ca/Si 元素比相对较高,通常可以表示为 $1.5 \sim 1.9 CaO \cdot SiO_2 \cdot nH_2O$(无序的 jennite-like 单元)[54]。矿渣颗粒释放出的有限的 Al 参与 C—S—H 的生成,钙硅比略有下降。C 试样中 C—(A)—S—H 的 Ca/Si 元素比大于 jennite(羟基钙硅石)的 Ca/Si元素比。这可能是氢氧钙石与 C—(A)—S—H 的共生导致的。BB-1 和 BB-3 试样的能谱打点元素分布区域(SAZ)如图 3-33(b)所示。与 C 试样相比,该 SAZ 的 Ca/Si 和 Ca/Al 元素比较低,Ca/Si 元素比基本介于 tobermorite(拓勃莫来石)$[(CaO)_{0.83} SiO_2 \cdot (H_2O)_{1.5}]$ 和jennite 之间。粉煤灰含有丰富的二氧化硅和氧化铝,它们在碱性条件下具有一定活性。溶解的二氧化硅有助于形成 Ca/Si 元素比较低的 C—S—H,典型的表现为 tobermorite 结构[167-168]。其硅酸盐链较长，缺陷多，导致 Al 在桥接硅四面体的位置进入 C—S—H[54]。生石灰的加入促进粉煤灰的溶解，从而产生更多的 C—(A)—S—H。然而，BB-2 和 BB-4 试样的 SAZ 表现出比 BB-1 和 BB-3 试样整体更高的 Ca/Si 元素比。这一现象可能是生石灰水化过程中产生额外的氢氧钙石与 C—(A)—S—H 共生所致。与 C 试样相比，BB-1—BB-4 试样中 C—(A)—S—H 组成所对应的数据点较为分散，这与能谱元素打点分析受到附近粉煤灰颗粒成分变化较大影响有关。

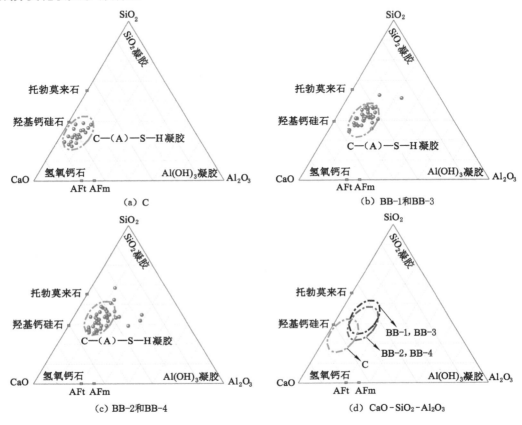

图 3-33　C—(A)—S—H 的元素组成系统图中各试样元素比的分布区域

第4章　低温固化发泡充填体强度规律研究

4.1　概　　述

随着人类对矿产资源需求的扩张,资源开发范围逐渐进入高寒地区,越来越多的低温高寒地区资源被开发、利用。据统计,我国高寒地区总面积为 $2.891 \times 10^6 \ km^2$,而其资源储量占全国的 1/2 以上。毋庸置疑,充填采矿法会逐步应用于高寒矿区中,低温会给矿山充填技术及安全开采带来巨大挑战,尤其是井下低温养护环境会对充填体强度特征造成显著影响[169]。例如,位于我国高海拔高寒地区的矿山,地下采场面临着冬季充填体结冰(见图 4-1)、夏天充填体融解的冻融循环的过程,其对充填体的内部结构有着一定程度的破坏,进而影响充填体的强度。同时,低温影响着充填体胶结剂的水化进程,充填体在融解过程中面临低水化程度和低强度的问题,为此国外一些矿山在充填料浆中加入了一些防冻盐来降低凝固点[93],而发泡充填体在高纬度高寒地区的应用同样会遇到类似的问题。因此,本章着重研究发泡充填骨料粒径、冰冻时间、冰冻间隔时间、冻融循环次数对低温固化发泡充填体强度及变形行为的影响,同时提出采用 NaCl 解决冰冻发泡充填体融解阶段强度低的问题,并从微观结构演化及水化进程的角度揭示其影响机制。

图 4-1　冬季矿山地下采场结冰[105]

4.2　试验原料及方案

4.2.1　试验原料

本章试验所用的发泡剂、稳泡剂、胶结剂及矿物添加剂与第 2、3 章所用的试验材料一致,为突出骨料中的超细含量对低温固化发泡充填体强度性能的影响,对原充填骨料(傲牛尾砂)进行了研磨,研磨时间分别为 20 min、30 min、40 min、50 min 和 60 min,形成 5 种粒径的尾砂(对应编号 T1、T2、T3、T4 和 T5)。在研究防冻剂对低温固化发泡充填体强度的影响时,选取硫铝酸盐水泥作为促进剂,其氧化物组成如表 4-1 所示。

表 4-1 硫铝酸盐水泥氧化物组成   单位:%

试样	CaO 含量	SiO_2 含量	Al_2O_3 含量	MgO 含量	Fe_2O_3 含量	Na_2O 含量	K_2O 含量	SO_3 含量
硫铝酸盐水泥	53.91	13.60	15.31	3.01	2.03	0.34	0.81	10.35

4.2.2 试验方案

根据某高纬度高寒地区矿山的调研结果,井下最低温度可达约 −10 ℃,故本次试验方案的低温固化养护温度均设置为 −10 ℃。为研究高纬度高寒地区低温对发泡充填体强度演变规律的影响,考虑不同地域充填物料和冰冻时间的差异性,设置了发泡充填骨料粒径、冰冻时间、冰冻间隔时间和冻融循环次数为影响变量,模拟低温冰冻环境对发泡充填体强度的影响。

4.2.2.1 发泡充填骨料粒径

发泡充填骨料粒径对发泡充填料浆的流动性影响明显,低温固化后,发泡充填体强度随骨料粒径也表现出较大差异。为探究发泡充填体随骨料粒径变化在低温环境下的强度演变规律,设计如表 4-2 所示的试验方案。料浆质量浓度为 70%,灰砂比为 0.25 以应对低温水化不足的缺陷,发泡剂量为胶结剂质量的 2.4%,制备好发泡充填料浆之后,在常温下养护 3 d,将试件放入 −10 ℃环境中,养护 7 d 和 28 d 后,测试冰冻发泡充填体的强度。

表 4-2 发泡充填骨料粒径对低温固化发泡充填体强度影响的试验方案

序号	发泡充填骨料	固体质量浓度/%	冰冻时间/d	常温养护时间/d	灰砂比
PF-1	T1	70	0,7,28	3	0.25
PF-2	T2	70	0,7,28	3	0.25
PF-3	T3	70	0,7,28	3	0.25
PF-4	T4	70	0,7,28	3	0.25
PF-5	T5	70	0,7,28	3	0.25

4.2.2.2 冰冻间隔时间

设计如表 4-3 所示的试验方案。发泡充填骨料选用 T3,料浆质量浓度为 73%,灰砂比为 0.25 以应对低温水化不足的缺陷,发泡剂量为胶结剂质量的 2.4%。根据预试验数据,制备好发泡充填料浆之后,在常温下分别养护 3 d、7 d、14 d 和 28 d,发泡充填体孔隙水含量差异较大,将试件放入 −10 ℃环境中,再次养护 7 d 后测试其强度,以研究冰冻间隔时间对低温固化发泡充填体强度的影响。

表 4-3　冰冻间隔时间对低温固化发泡充填体强度影响的试验方案

序号	发泡充填骨料	固体质量浓度/%	冰冻时间/d	常温养护时间/d	灰砂比
FIT-1	T3	73	7	3	0.25
FIT-2	T3	73	7	7	0.25
FIT-3	T3	73	7	14	0.25
FIT-4	T3	73	7	28	0.25

4.2.2.3　冻融循环次数

为探究冻融循环次数对低温固化发泡充填体强度的影响,设计如表 4-4 所示的试验方案。发泡充填骨料选用 T3,料浆质量浓度为 73%,灰砂比为 0.25 以应对低温水化不足的缺陷,发泡剂量为胶结剂质量的 2.4%,冰冻温度为 -10 ℃。经前期预试验验证,发泡充填体 7 d 内冰冻已基本完成,3 d 常温养护冰冻发泡充填体内部已基本融解完毕,据此设置为一个冻融循环;且发泡充填体经过 3 次冻融循环后,强度和变形区别较小,故本次试验最多测试了 3 个冻融循环时发泡充填体的强度变化。

表 4-4　冻融循环次数对低温固化发泡充填体强度影响的试验方案

序号	发泡充填骨料	固体质量浓度/%	冰冻时间/d	常温养护时间/d	冻融循环次数/次	灰砂比
FC-1	T3	73	7	3	1	0.25
FC-2	T3	73	7	3	2	0.25
FC-3	T3	73	7	3	3	0.25

4.2.2.4　NaCl 浓度

本书提出在充填料浆中加入 NaCl 解决冰冻发泡充填体融解阶段强度低的问题。将 3 种不同浓度的 NaCl 溶液与发泡充填料浆混合,发泡剂量为胶结剂质量的 2.4%。其中,采用如表 4-5 所示的 4 种胶结剂。固体质量浓度为 73%,灰砂比为 0.25,制备好发泡充填料浆后,将试件放入 -10 ℃ 环境中进行养护。待冰冻 2 d 和 28 d 后,对冰冻发泡充填体进行强度测试,具体试验方案见表 4-6。

表 4-5　胶结剂组成　　　　　　　　　　　　　　单位:%

胶结剂	普通硅酸盐水泥	硫铝酸盐水泥	粉煤灰	高炉矿渣
PC	100	0	0	0
BCS1	90	10	0	0
BCS2	80	10	10	0
BCS3	80	10	0	10

表 4-6　NaCl 浓度对低温固化发泡充填体强度影响的试验方案

胶结剂	固体质量浓度/%	灰砂比	NaCl 浓度/(g/L)	发泡充填骨料
PC,BCS1,BCS2,BCS3	73	0.25	0	T3
PC,BCS1,BCS2,BCS3	73	0.25	30	T3
PC,BCS1,BCS2,BCS3	73	0.25	90	T3

4.3 测试方法

4.3.1 单轴抗压强度

低温固化发泡充填体的单轴抗压强度测试时采用自制保温设备套在压力机上,以减小温度对加载试块的影响,如图 4-2 所示。根据 ASTM C39/C39M-18 标准,试验时加载速率为 1 mm/min(位移加载方式)。在测试之前,试块的两端尽可能保持平整,同时抹上凡士林以减小端部摩擦的影响。至少测试 3 个试块且取平均值作为试样的最终单轴抗压强度。在测量单轴抗压强度的同时采用应变传感器对其纵向应变进行记录,得出应力-应变曲线。

图 4-2 低温固化发泡充填体单轴抗压强度测试装置

4.3.2 冰点及融解热

利用低温差示量热法(LT-DSC)记录不同胶结剂净浆膏体的吸热曲线,并用于确定胶结剂的冰点和融解热。在 -30~25 ℃ 的温度范围内水化产物的物相不会发生变化[170]。此外,冰的融化吸热曲线出现峰值,如图 4-3(a)所示,将初始吸热曲线的切线与基线的交点处的温度视为胶结剂的冰点。此外,根据 Damasceni 等[171]的说法,融解热的累计面积可以视为冰冻样品中所含的冻结水的量,如图 4-3(b)所示。

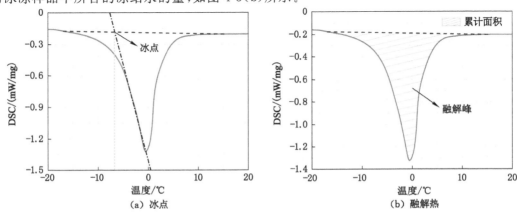

图 4-3 低温差示量热曲线测定的冰点和融解热

4.3.3　水化热

采用 TAM Air 八通道微量热仪对胶凝材料水化热进行测试,测试样品质量约为 50 g,水灰比为 0.6,在室温下记录 72 h 内水化热数据。

4.3.4　水化反应产物表征

本章测试低温条件下发泡充填体水化产物的 XRD 物相和 TG 热重分析等的手段及方法均与第 3 章相同,此处不再赘述。

4.4　试验结果分析

4.4.1　发泡充填骨料粒径

对上述用于制备发泡充填料浆的 5 种粒径骨料进行物理性质测试分析,可知其超细颗粒(粒径 $d \leqslant 20$ μm)的含量分别为 11.98%、26.54%、41.35%、55.82% 和 70.27%。以此作为骨料粒径特征参数,研究其对冰冻发泡充填体强度的影响,结果如图 4-4(a)所示。可知,骨料粒径对冰冻发泡充填体的强度具有积极的影响,并且这种影响因冰冻时间而表现不同。例如,当骨料超细颗粒的含量从 11.98% 上升到 70.27% 时,常温固化 3 d,发泡充填体单轴抗压强度从 0.28 MPa 上升至 0.85 MPa,增加了 0.57 MPa;冰冻时间为 7 d 时,冰冻发泡充填体单轴抗压强度从 0.87 MPa 上升至 2.52 MPa,增加了 1.65 MPa;而冰冻时间为 28 d 时,冰冻发泡充填体单轴抗压强度增量则为 1.75 MPa。这可能是由于超细颗粒含量较高的发泡充填体在固化时,会吸附更多的自由水,使其保留在颗粒表面。当发泡充填体在低温环境中养护时,这部分水则会冻结成冰,充填空隙,使得充填体结构更加致密,且增加颗粒之间的黏结力,从而提高充填体强度。另外,骨料超细颗粒含量较高,抑制了充填体的发泡,使固化发泡充填体整体孔隙率较小,从而提高了力学性能。图 4-4(b)所示的孔隙分布结果可以证实这一点,随着超细颗粒含量的增加,充填体孔隙率减小。比如,将超细颗粒含量从 11.98% 提高到 70.27%,孔隙率从 55.83% 降低到 43.14%。这是因为当发泡剂在浆料中分解发泡时,高含量的超细颗粒使料浆产生了更高的屈服剪切应力和黏度,从而阻止了气泡的上升和发泡,进而导致微观结构更加致密。此外,超微颗粒含量不同的试样在微观结构上最明显的差异是大孔(直径 > 100 μm)的体积。超细颗粒含量越小,则越有利于大孔隙的形成,充填体力学性能显著下降。

图 4-5 为不同粒径骨料发泡充填体在冰冻时间为 0 d、7 d、28 d 时超声波速的变化情况。很明显,超声波速随骨料颗粒细度的增加而增加。这主要是由于超细颗粒含量增加,固体颗粒与冰之间的摩擦力和黏聚力增强,引起孔隙冰与水化产物的复合充填效应。此外,超声波速与单轴抗压强度的变化趋势相似,但范围完全不同。例如,冰冻发泡充填体在 28 d 固化时间内,当骨料超细颗粒含量从 11.98% 提高到 70.27% 时,超声波速提高了近 50%,而单轴抗压强度提高了近 2 倍。这是因为充填体弹性刚度的增加没有充填体密度的增加明显。对比图 4-4(a)和图 4-5 的试验结果可以发现,单轴抗压强度与超声波速有一定的关系。为了更好地了解超声波速与单轴抗压强度的相关性,绘制了如图 4-6 所示的线性拟合曲线。$R^2 = 0.949$ 的高相关系数表明冰冻发泡充填体的超声波速随单轴抗压强度线性增加,而在胶结充填体中也存在这种现象[172-173]。

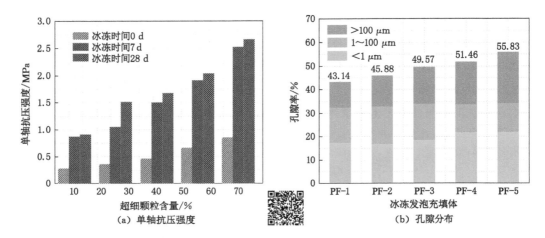

图 4-4　发泡充填骨料粒径对低温固化发泡充填体强度和孔隙分布的影响

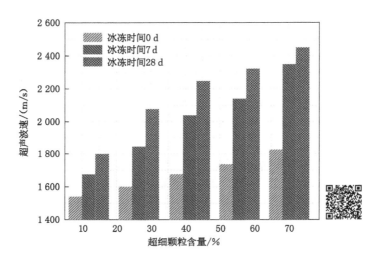

图 4-5　发泡充填骨料粒径对冰冻发泡充填体超声波速的影响

　　不同超细颗粒含量的试样在 0 d、7 d、28 d 冰冻时间的应力-应变行为试验结果如图 4-7 所示。可知,不管冰冻时间如何,固体颗粒的细度都对充填体变形行为有很大的影响。含有 11.98% 超细颗粒的发泡充填体试样(PF-5)在冰冻时间为 0 d 时出现应变硬化。这主要是由于其具有较高的孔隙率,能够承受较大的变形。当经过 7 d 的冷冻后,PF-5 出现了更明显的应变硬化。这一结果可以解释为高孔隙率和冰含量增加的耦合效应。孔隙冰含量的增加增强了冰与固体颗粒之间的摩擦,提高了强度。随着超细颗粒含量增加,在相同的加载速率下,冰冻发泡充填体的塑性和峰后加载变形均变小。换句话说,含有更高比例的超细颗粒使得发泡充填体趋向于弹性脆性行为(高弹性模量),并在压缩过程中表现出相应的应变软化[174]。冻结充填体由孔隙、冰、未冻水、骨料、水化产物和未水化胶结剂组成,强度主要由孔隙冰强度、冰与固体颗粒相互作用、骨架强度提供[106,175-177]。其中,冰填满固体颗粒间的空隙,使微结构变得密实;固体颗粒与冰的摩擦增加了剪切阻力[106];水泥的水化反应使充填体骨架固化。如前所述,超细颗粒含量越高的冰冻发泡充填体试样孔隙冰越多(孔隙率越

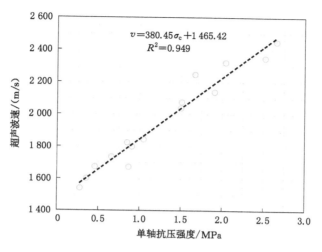

图 4-6　冰冻发泡充填体单轴抗压强度与超声波速的关系

小），冰与固体颗粒之间的摩擦越明显（强度越高）。此外，较低的孔隙率意味着较低的承受大变形能力，这有利于产生应变软化[178-179]。

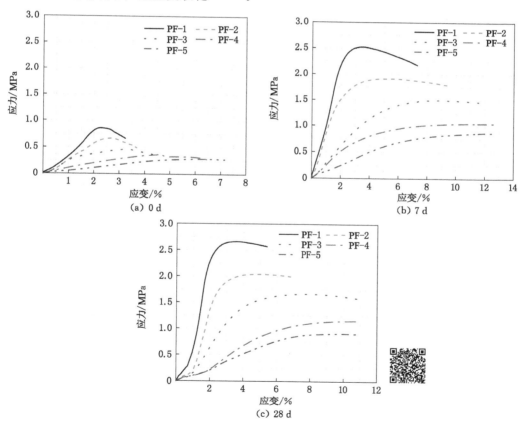

图 4-7　发泡充填体在冰冻时间为 0 d、7 d 和 28 d 时的应力-应变曲线

为研究发泡充填骨料粒径对冰冻发泡充填体水化的影响机理,利用 XRD 对冻结温度在 −10 ℃、冰冻时间 28 d 试样的矿物结晶相进行了识别,结果如图 4-8 所示。通常,水泥水化是一个复杂的过程,包括固体颗粒对水的吸附、分子单元在水中的溶解、溶液组分的迁移、晶态或非晶态固体的生长和成核。且水泥水化的基本反应产物[即水化硅酸钙(C—S—H)、氢氧钙石(Ca(OH)$_2$)、钙矾石(AFt)、方解石(CaCO$_3$)、石膏(CaSO$_4$ · 2H$_2$O)]的形成有助于充填体早期和长期强度的提高[180]。PF-1 的 C—S—H 峰最为明显,氢氧钙石的峰值强度(衍射图中的第二个峰)最低。氢氧钙石的含量越低,则表明 Ca(OH)$_2$ 的消耗量越高,这也是水化程度高的结果[181]。因此,矿物相的这两种差异都表明 PF-1 的水化程度较高。

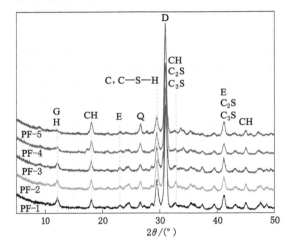

E—钙矾石;CH—氢氧钙石;C—石灰石;D—白云石;
H—水铝钙石;Ge—钙铝黄长石;G—石膏;Q—石英。

图 4-8　发泡充填骨料粒径对冰冻发泡充填体 28 d 水化时间的矿物组成的影响

为了准确表征 PF-1—PF-5 的水化速率,采用热重分析法(TGA)测定了其化学结合水的含量。如图 4-9(a)所示,骨料超细颗粒的含量对水泥水化有明显的影响。常温养护条件下化学结合水(CBW)的含量基本一致,而冰冻条件下化学结合水的含量与骨料超细颗粒的含量正相关。比如,0 d 冰冻时间,化学结合水含量分别为 4.62%、4.63%、4.58%、4.6% 和 4.5%。然而,PF-5 试样在冰冻 7 d 时的化学结合水含量为 4.75%,而 PF-1 试样则为 5.98%。此外,在冰冻时间为 28 d 时,PF-5 试样的化学结合水含量为 5.05%,而 PF-1 试样的化学结合水含量为 6.22%。这说明 PF-1 试样比 PF-5 试样的水化反应程度要高,且 PF-1 试样中含有更多未冻水,改善了水泥的水化反应。由此可以得出,在常温环境下,超细颗粒含量对充填体的水泥水化几乎没有影响,而在低温环境(−10 ℃)中,超细颗粒含量对充填体的水化反应有积极影响。常温养护时,不同试样之间水泥水化所处的湿度环境是相对一致的。当在低温环境下固化时,较高的超细颗粒含量有利于冰点的降低[104,182]。换句话说,与 PF-5 试样相比,PF-1 试样具有更低的冰点和更多未结冰的水。另外,水化产物中化学结合水的含量增长速度随着冰冻时间的延长而降低,在前 7 d 增长最快[图 4-9(b)]。这主要是因为水冻结成冰的现象发生在早期,在接下来的 21 d 内,由于缺少未冻结的水,水泥水化受到限制。

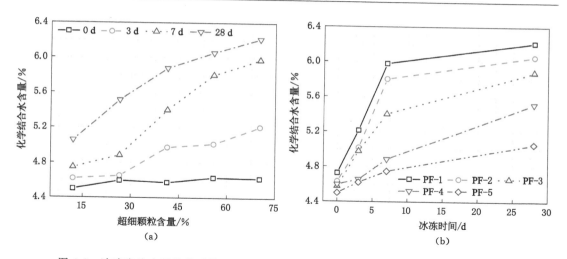

图 4-9　冰冻发泡充填体化学结合水的含量随发泡充填骨料粒径和冰冻时间的变化情况

在本小节中,重力水定义为冰和未冻水的总和,在发泡充填体冰冻时间为 28 d 时,得到不同试样重力水含量,见图 4-10。值得注意的是,超细颗粒含量越高的冰冻发泡充填体重力水含量越高。如超细颗粒含量由 11.98% 增加至 70.27%,重力水含量明显增加,由 20.86% 增加到 24.13%。这可能是由于超细颗粒比例较高的充填体吸附更多层间自由水,从而阻碍过量水的排出[29,41]。在低温环境下,超细颗粒含量较高的冰冻发泡充填体,在相同的冻结速率下,可以为水泥的水化提供更多的未冻结水,同时也可为孔隙的填充提供更多的孔隙冰,从而使充填体强度增加得更快,这也可以解释图 4-4(a)中的冰冻发泡充填体强度的发展变化。

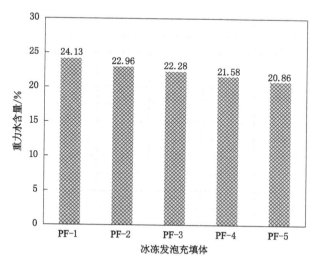

图 4-10　冰冻发泡充填体 28 d 冰冻时间时重力水的含量

4.4.2　冰冻时间

图 4-11 显示了发泡充填体单轴抗压强度随冰冻时间的变化情况。结果表明,冰冻时间

对发泡充填体的单轴抗压强度发展起着重要作用。值得注意的是,所有试样单轴抗压强度的明显改善均出现在前 7 d,而在接下来的 21 d 单轴抗压强度只是略有增加。例如,随着冰冻时间从 0 d 增加到 7 d,PF-1 试样的单轴抗压强度从 0.85 MPa 增加到 2.52 MPa(约增加 2 倍),而随着冰冻时间从 7 d 增加到 28 d,单轴抗压强度达到 2.66 MPa(仅增加 5.56%)。这是由于水的冻结过程主要发生在早期[104-105]。此外,增加冰冻时间促进孔隙冰的形成,提高了填充孔隙效果,从而降低了孔隙率。

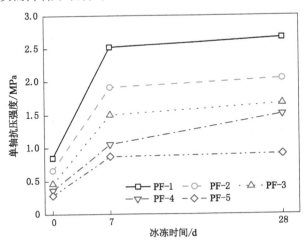

图 4-11　冰冻时间对发泡充填体单轴抗压强度的影响

　　分析图 4-7 所示的应力-应变曲线可知,冰冻时间对发泡充填体的变形行为有显著影响。随着冰冻时间的延长,无论固体颗粒细度如何,发泡充填体都表现出更强的延性(应变硬化)。例如,PF-1 试样在冰冻时间为 0 d 时出现了明显的峰后变形,而在冰冻时间为 28 d 时则出现了延长的峰后变形。同样,PF-5 试样在冰冻时间为 28 d 时也没有出现明显的峰值强度。在早期(7 d 的冰冻时间),冻结水(孔隙冰)增强固体颗粒的骨架以抵抗变形。随着冰冻过程的进行,发泡充填体开始表现出更大的可塑性。当屈服点受到持续的压力作用时,压力促使冰融化释放水,水转移并再次冻结成冰,固体颗粒发生重新排列[104,183]。这个过程也给发泡充填体提供了抵抗变形的能力,并最终发生应变硬化。这里需要强调的是,无论骨料颗粒细度如何,与冻结 0 d 和 7 d 的试样相比,冻结 28 d 的发泡充填体在前 2% 的轴向应变范围内的体积变形较小。这是大量间隙的压实和增加的孔隙冰受到拉伸变形造成的[104]。

4.4.3　冰冻间隔时间

　　图 4-12 为冰冻间隔时间对发泡充填体单轴抗压强度的影响。值得注意的是,在冰冻条件下固化 7 d 后,无论冷冻间隔时间如何,发泡充填体单轴抗压强度都会提高。这主要是由于冰含量的增加和水化反应的耦合作用使得发泡充填体结构更加致密。冰冻间隔时间为 3 d 的发泡充填体单轴抗压强度增益最高。例如,FIT-1 试样的单轴抗压强度是冰冻前的 2 倍,而 FIT-2、FIT-3 和 FIT-4 试样的单轴抗压强度分别为冰冻前的 1.52 倍、1.47 倍和 1.52 倍。这种差异主要是由于 FIT-1 试样中重力水含量较高,这与早期常温条件下水化不足有关,意味着更多的水可以冻结成冰,从而提高机械性能。

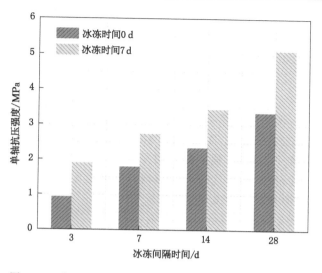

图 4-12　冰冻间隔时间对发泡充填体单轴抗压强度的影响

　　不同冰冻间隔时间下发泡充填体的应力-应变行为的试验结果如图 4-13 所示。可以看出,随着冰冻间隔时间的延长,充填体的弹性模量显著增加,出现应变硬化现象[图 4-13(a)]。这是由于水泥在水化过程中形成了更多的水化产物,填充颗粒间隙,固化固体颗粒骨架。同时发现,无论冰冻间隔时间如何,发泡充填体的弹性模量随着冰冻时间的增加都有明显的提高[图 4-13(b)],其主要原因是孔隙冰含量的增加。冰冻时间为 0 d(常温养护)的发泡充填体,从 FIT-1 到 FIT-4 峰前、峰后加载变形明显减小,具有更强的弹脆性特征。当冰冻时间为 7 d 时,试样的弹性模量进一步提高,弹脆性变为弹塑性。这可以解释为前面提到的孔隙冰的增加增强了充填体强度,同时冰、固体颗粒和未冻结水间相互作用的增强也相应提高了抗变形的能力(应变硬化)。

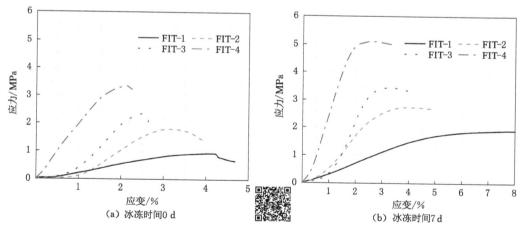

图 4-13　不同冰冻间隔时间下发泡充填体的应力-应变曲线

4.4.4　冻融循环次数

　　不同冻融循环次数的发泡充填体应力-应变曲线如图 4-14 所示。可以看出,冻融循环次数对发泡充填体的强度影响非常明显。峰值强度经历先增加然后减小的变化过程。强度增加归因于常温下胶结剂水化加快和冰冻条件下孔隙含冰量的增加,而强度降低归因于冻融造成的充填体内部结构的破坏。经历一个冻融循环时,试样 FC-1 表现出更大的弹性,具有更高的弹性模量,峰后应力-应变曲线呈锯齿形。这主要归因于水合产物的增加(见图 4-15)和大孔[直径>100 μm,见图 4-4(b)]的存在。增加到两个冻融循环(试样 FC-2),强度峰值进一步提高,出现峰前变形增加而峰后变形减小的现象。这表明凝胶的生长增强了固体骨架而导致更好的机械性能,而被冰侵蚀的结构表现出更好的韧性。当发泡充填体经历 3 个冻融循环(试样 FC-3)时,强度峰值明显降低。这表明,水泥水化程度较高的积极影响不能弥补冰冻破坏而使结构恶化的不利影响。冰冻过程主要发生在早期,且最常见的冰冻损害为可能导致水泥基材料的微观结构恶化[184]。

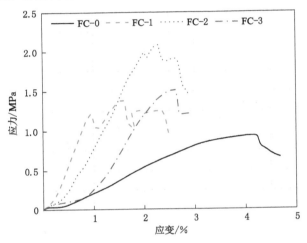

图 4-14 不同冻融循环次数的发泡充填体的应力-应变曲线

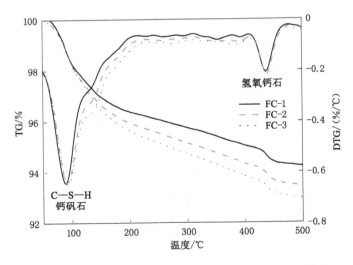

图 4-15 不同冻融循环次数的发泡充填体的热重分析曲线

4.5　冰冻发泡充填体融解阶段低强度应对措施

由上述研究结果可知,发泡充填体处于冰冻状态时,尽管其水化程度较低,但此时由于孔隙冰的充填和黏结作用,冰冻发泡充填体仍具有较高的强度,能够满足维护地下采空区稳定性的要求。然而,若冰冻发泡充填体随着温度的上升,孔隙冰逐渐融解,由于其水化程度低且受孔隙冰体积膨胀影响微观结构破坏,强度会大大降低,从而对采空区的安全稳定造成较大威胁。笔者提出向料浆中加入 NaCl 解决冰冻发泡充填体融解后强度低的问题。

4.5.1　NaCl 浓度对低温固化发泡充填体强度的影响

图 4-16 为 NaCl 浓度对基于不同类型胶结剂的发泡充填体冰冻 2 d 和 28 d 单轴抗压强度的影响。如图 4-16(a)所示,在 2 d 的冰冻时间内,无论胶结剂的类型如何,NaCl 浓度的增加均会导致充填体单轴抗压强度的增加。例如,随着 NaCl 浓度从 0 增加到 90 g/L,PC 试样单轴抗压强度从 0.29 MPa 增加到 0.52 MPa(0.23 MPa 的增量),而 BCS1 试样单轴抗压强度从 0.77 MPa 增加到 1.16 MPa(0.39 MPa 的增量)。这表明较高浓度的 NaCl 显著降低了充填体孔隙溶液的冰点,更多的游离水用于胶结剂的水化,从而生成更多的 C—S—H 和钙矾石等水化产物。根据之前的研究[185-186]可知,C—S—H 能够固化发泡充填体的颗粒骨架,而钙矾石则能填充孔隙,使微观结构变得致密。此外,部分水冻结成冰之后不仅能够充填固体颗粒间隙,而且能增加固体颗粒与冰之间的摩擦[187]。所有微观结构的演变都有利于强度的提高,故此时冰冻发泡充填体力学性能的提高是由于较高的水化程度和孔隙冰形成的耦合效应。当 NaCl 浓度为 90 g/L 时,充填体固化后的未冻结水比 0 g/L 时的充填体要多。如文献[188-189]所述,未冰冻水含量的增加导致机械性能的下降。这些相互矛盾的结果表明,在 2 d 的冰冻时间内,固化后的发泡充填体力学性能受水化过程的影响较大,而非孔隙冰含量。

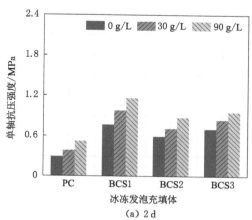

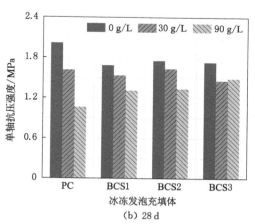

图 4-16　不同 NaCl 浓度下发泡充填体在冰冻时间为 2 d 和 28 d 时的单轴抗压强度

然而,当冰冻发泡充填体固化 28 d 时,无论胶结剂类型如何,其单轴抗压强度都随着 NaCl 浓度的增加而降低,如图 4-16(b)所示。这与冰冻发泡充填体固化 2 d 的单轴抗压强度变化趋势相反。比如,NaCl 浓度从 0 增加到 90 g/L,PC 试样单轴抗压强度从 2.01 MPa

下降到 1.06 MPa(下降 0.95 MPa),而 BCS1 试样单轴抗压强度则从 1.69 MPa 下降到 1.31 MPa(下降 0.38 MPa)。这是因为在 28 d 的冰冻时间内,固化后充填体的力学性能取决于孔隙冰的含量,而不是水化程度。用硫铝酸盐水泥替代 10% 的普通硅酸盐水泥时,NaCl 浓度为 0 g/L 时,BCS1、BCS2 和 BCS3 试样的单轴抗压强度分别减少 0.33 MPa、0.26 MPa 和 0.28 MPa,而 NaCl 浓度为 90 g/L 时,三者单轴抗压强度则分别增加了 0.25 MPa、0.27 MPa 和 0.43 MPa。前者是因为 PC 试样中孔隙冰含量较多,而后者是由于 BCS1、BCS2、BCS3 试样的水化程度较高。当 NaCl 浓度为 90 g/L 时,BCS2 和 BCS3 试样的单轴抗压强度高于 BCS1 试样,这是因为虽然粉煤灰和高炉矿渣可被水泥水化的碱性环境激活,参与水化反应过程,但整体上,BCS2 和 BCS3 试样内部的孔隙冰含量仍然相对较高。

4.5.2 NaCl 浓度影响机制

4.5.2.1 水化热

相同 NaCl 浓度时,不同类型的胶结剂对早期冰冻发泡充填产生了较大影响,为揭示其影响机理,如图 4-17 所示,测试了不同类型胶结剂在 72 h 内的放热曲线。可以看出,用硫铝酸盐水泥(CSA)、粉煤灰和高炉矿渣替代普通硅酸盐水泥对其早期水化反应过程具有重要影响。在将胶结剂与水混合后,第一个放热峰值迅速出现(10 min 以内)。与纯水泥水化热(约 0.024 mW/g)相比,添加 10% 的硫铝酸盐水泥(BCS1 试样)可以加快放热速度,并表现出较高的水化热峰值,约为 0.028 mW/g。根据文献[190-191]可知,第一个放热峰的出现一部分归因于水泥颗粒(活性硫铝酸盐、硬石膏和铝酸盐)和外来离子(例如,水泥中包含 Mg^{2+}、Al^{3+}、Fe^{3+}、Na^+ 和 K^+)的溶解。此外,钙矾石的初始沉淀和水化反应导致 C—S—H 凝胶的形成也在一定程度上引起了热量的释放[192]。硫铝酸盐水泥含有活性更高且易于溶解的硫铝钙石,促进了第一个放热峰的形成。然而,这种积极的影响被低活性的粉煤灰和高炉矿渣阻碍[193-194]。因此,BCS2 和 BCS3 试样的第一个放热峰显现出了较低的峰值。在第一个放热峰之后可以看到水化反应速率明显降低,这主要是因为溶液中的 Ca^{2+} 和 Si^{4+} 浓度达到临界值时,水泥颗粒的初始反应就会被屏蔽层(例如,初始形成的 C—S—H 和/或钙矾石)所抑制[192]。

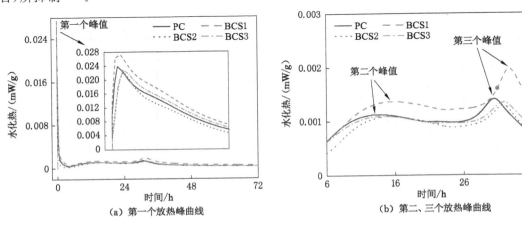

图 4-17 不同类型胶结剂的水化热曲线

如图 4-17(b)所示,所有胶结剂的第二个放热峰均不明显。水化时间在 6～18 h 内,大量的铝酸盐和硅酸盐水化形成钙矾石。再加上铝酸三钙的进一步溶解,这些放热过程共同促进了第二个放热峰的出现[191]。与纯水泥水化放热峰比较,可以看出,BCS1、BCS2 和 BCS3 试样显示出相对延迟的放热峰。这是因为来自硫铝酸盐水泥的 Ca^{2+} 饱和后会阻止水泥中硅酸三钙的持续溶解[92,195]。此外,由于硫铝酸盐水泥的快速水化而形成的钙矾石依附在硅酸三钙上对其水化起到了负面作用[192]。BCS1 试样表现出最高的反应热,接近 0.014 mW/g,而 PC、BCS2 和 BCS3 试样表现出相似的峰值,约为 0.011 mW/g。这表明粉煤灰和高炉矿渣的低活性覆盖了硫铝酸盐水泥对整体胶凝系统水化反应的加速作用。第三个放热峰(称为硅酸盐峰)在 24～36 h 内出现,出现明显的窄肩部[图 4-17(b)]。第三个放热峰处的水化反应很复杂,峰值的出现归因于大量形成的氢氧钙石和 C—S—H/C—(A)—S—H 等[196]。

4.5.2.2　孔隙溶液冰点

NaCl 浓度影响孔隙溶液的冰点,进而影响低温固化发泡充填体的强度特性(表 4-7)。为此,测试了不同 NaCl 浓度、不同胶结剂类型影响下的孔隙溶液的 LT-DSC 曲线,如图 4-18 所示。随着 NaCl 浓度的增加,冰点显著降低,并且对于所有类型的胶结剂,这种影响都是相似的。例如,当 NaCl 浓度从 0 g/L 增加到 90 g/L 时,PC 膏体的冰点从 −0.9 ℃下降到 −9.16 ℃(下降 8.26 ℃),而 BCS1 从 −0.93 ℃下降到 −10.5 ℃(下降 9.53 ℃)。粉煤灰(BCS2 试样)和高炉矿渣(BCS3 试样)具有活性和溶解性,在 NaCl 浓度为 0 g/L 时,其冰点分别为 −0.87 ℃和 −0.86 ℃;当 NaCl 浓度为 90 g/L 时,其冰点分别下降到 −9.34 ℃和 −9.82 ℃。冰点随 NaCl 浓度的变化归因于离子(Na^+ 和 Cl^-)浓度的增加,称之为"浓度效应"[174]。然而,这一效应并不是随浓度的增加等比例增强的。如 NaCl 浓度从 0 g/L 增加到 30 g/L,BCS1 的冰点降低了 3.81 ℃;而当 NaCl 浓度从 30 g/L 增加到 90 g/L 时,BCS1 的冰点降低了 5.76 ℃,浓度增加量增加了 1 倍,而冰点降低量则增加了 51.18%。因此,可以推测,如果 NaCl 浓度进一步提高,"浓度效应"则会受到明显的限制。在 NaCl 浓度相同的情况下,BCS1 的冰点比 PC 的冰点要低,这要归因于硫铝酸盐水泥的快速溶解及水化产生钙矾石,从而使得孔隙结构相对致密。根据 Helmholtz[197] 的研究结论,孔径尺寸的减小增加了孔隙压力,降低了孔隙溶液的冰点。此外,硫铝酸盐水泥的快速水化及溶解增加离子浓度效应在氯化钠浓度为 0 g/L 和 30 g/L 时不明显。这可能是因为低温减少了用于水化和溶解的未冻结水的量。

表 4-7　不同 NaCl 浓度下胶结剂的冰点

NaCl 浓度/(g/L)	PC 冰点/℃	BCS1 冰点/℃	BCS2 冰点/℃	BCS3 冰点/℃
0	−0.90	−0.93	−0.87	−0.86
30	−4.45	−4.74	−4.54	−4.56
90	−9.16	−10.50	−9.34	−9.82

将 LT-DSC 曲线中的融解热定义为孔隙冰的含量,测试结果如图 4-19 所示。NaCl 浓度的增加对胶结剂的融解热有消极影响。比如,NaCl 浓度从 0 g/L 增加到 90 g/L,PC 试样的融解热从 117.5 J/g 降低到 57.7 J/g(降低 59.8 J/g)。这是由于 NaCl 浓度越高,冰点越低,可用于水化的自由水含量就越高,形成孔隙冰的含量则越少,融化所需的热量也就越少。

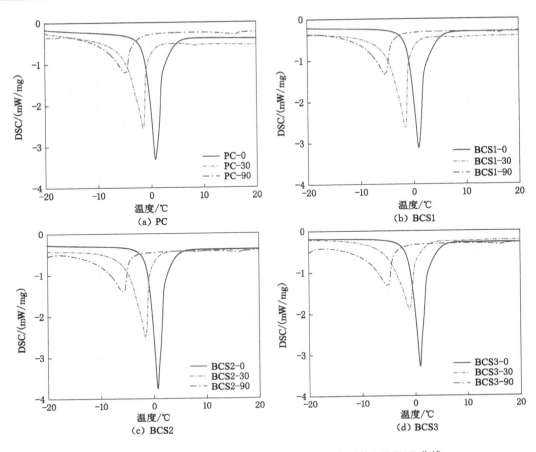

图 4-18　不同 NaCl 浓度、不同胶结剂类型影响下的 LT-DSC 曲线

而此时 BCS1 试样的融解热则由 113.3 J/g 降低到 55.28 J/g(降低 58.02 J/g)。当 NaCl 浓度为 30 g/L 和 90 g/L 时,BCS2 和 BCS3 试样的融解热低于 PC 试样。这主要与 BCS2 和 BCS3 试样具有较低的冰点有关。

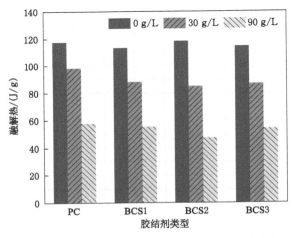

图 4-19　不同 NaCl 浓度下胶结剂的融解热(孔隙冰含量)

4.5.2.3　微观水化进程

为研究 NaCl 浓度对低温固化发泡充填体水化进程的影响,对养护 2 d 和 28 d 的胶结剂净浆膏体进行热重分析,测试结果如图 4-20 所示。在 2 d 和 28 d 的冰冻时间内,无论胶结剂类型如何,随着 NaCl 浓度从 0 g/L 增加到 90 g/L,形成的 C—S—H 和钙矾石的量都有所增加。这是因为较高的 NaCl 浓度会导致较低的冰点,从而有更多的自由水可用于水化反应。在相同的 NaCl 浓度下,PC 的 C—S—H 和钙矾石生成量最少。对于 PC 胶结剂来说,C—S—H 主要来源于硅酸三钙的水化反应[198][式(4-1)]。而钙矾石则主要是铝酸三钙与由无水石膏水解形成的二水石膏反应生成的[199][式(4-2)]。当用硫铝酸盐水泥替代 10% 的普通硅酸盐水泥时,其最活跃的成分硫铝钙石与二水石膏反应生成钙矾石[式(4-3)]。此外,方解石在水泥水化的环境中不是惰性的,其会与铝酸三钙发生化学反应形成单碳铝酸盐(M_c)/半碳铝酸盐(H_c)[200][式(4-4)和式(4-5)]。在 2 d 的冰冻时间内,初始形成的单碳铝酸盐和充足的可溶性硫酸盐提高了钙矾石的稳定性,只有少量的单硫铝酸盐(AFm)形成[201]。

$$3C_3S + nH \longrightarrow xCSH_y(C-S-H) + (3-x)CH \qquad (4-1)$$

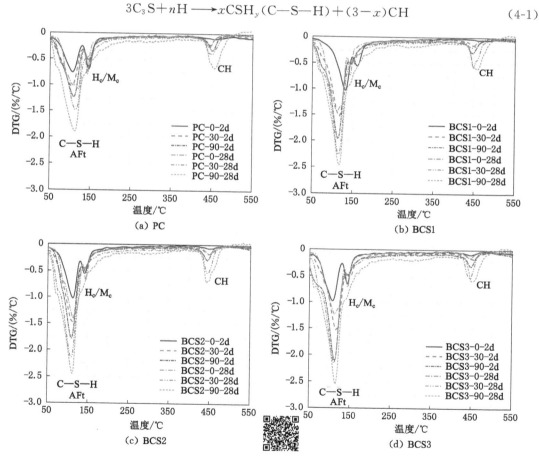

AFt—钙矾石;H_c—半碳铝酸盐;M_c—单碳铝酸盐;CH—氢氧钙石。

图 4-20　不同 NaCl 浓度下胶结剂在冰冻 2 d 和 28 d 时的 DTG 曲线

$$C_3A + 3C\dot{S}H_2 + 26H \longrightarrow C_6A\dot{S}_3H_{32} \tag{4-2}$$

$$C_4A_3\dot{S} + 2C\dot{S}H_2 + 34H \longrightarrow C_6A\dot{S}_3H_{32} + 2AH_3 \tag{4-3}$$

$$C_3A + C\dot{C} + 11H \longrightarrow C_4A\dot{C}H_{11}(\dot{C}=CO_2) \tag{4-4}$$

$$C_3A + 0.5C\dot{C} + 12H \longrightarrow C_4A\dot{C}_{0.5}H_{12} \tag{4-5}$$

图 4-21 为不同 NaCl 浓度、不同冰冻时间(2 d 和 28 d)下的胶凝体系中化学结合水和氢氧钙石含量的归一化值。可以看出,固化 2 d 后,在 NaCl 浓度为 0 g/L 时,BCS1 中化学结合水的含量为 4.24%,PC 中的含量次之,为 4.06%,BCS2 和 BCS3 中的含量最少,表明其水化程度较低,主要是由于缺乏孔隙自由水,如图 4-19 所示。当 NaCl 浓度增至 30 g/L 时,BCS3 的化学结合水的含量最高,为 6.68%;BCS2 的化学结合水含量高于 PC(5.50%),为 6.01%。随着 NaCl 浓度持续升高至 90 g/L,化学结合水含量呈现 BCS3(9.07%)>BCS1(8.18%)>BCS2(6.01%)>PC(5.99%)的特征。这些试验数据证实,通过添加硫铝酸盐水泥可实现低温环境下更有效的水化反应。此外,可以推测,铝硅酸盐材料(粉煤灰和高炉矿渣)在一定程度上受到了水泥水化碱性环境的活化。Rocha 等[202]认为,在水泥水化早期,孔隙溶液的 pH 可达 12~13。在这种情况下,粉煤灰和高炉矿渣玻璃相中含有的活性 SiO_2 和 Al_2O_3 倾向于通过激活桥氧键[Si—O—Si(Al)]和非桥氧键(Si—O)进行反应[194,203] [式(4-6)和式(4-7)]。由于非晶相(钙和硅)的丰富,用高炉矿渣替代 10% 的普通硅酸盐水泥比用粉煤灰能实现更加高效的水化反应。当冰冻时间从 2 d 增加到 28 d 时,无论胶结剂类型如何,化学结合水的含量随 NaCl 浓度的增加呈上升趋势。这种现象是自由水增加所导致的。与化学结合水含量变化相似,随着 NaCl 浓度和冰冻时间的增加,氢氧钙石含量显著增加。BCS2 和 BCS3 比 BCS1 和 PC 的氢氧钙石含量低,这是由于粉煤灰和高炉矿渣发生火山灰反应消耗了氢氧钙石。

$$S + CH + H \longrightarrow CSH_m \tag{4-6}$$

$$A + CH + H \longrightarrow CAH_n \tag{4-7}$$

图 4-22 显示了不同 NaCl 浓度下的 PC、BCS1、BCS2 和 BCS3 胶结剂在 2 d 和 28 d 冰冻时间时矿物相的形成和消耗情况。不管胶结剂类型如何,钙矾石的峰值强度随 NaCl 浓度

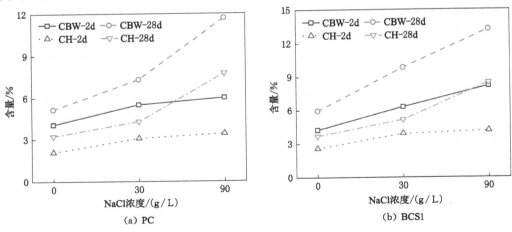

图 4-21 不同 NaCl 浓度下胶结剂在冰冻 2 d 和 28 d 时化学结合水和氢氧钙石的含量

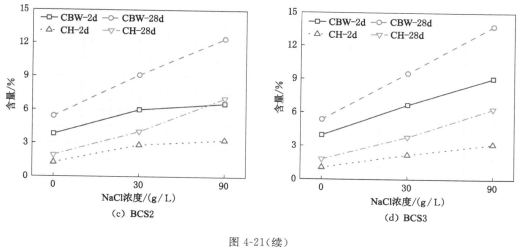

图 4-21（续）

的增加而增加，这与图 4-20 所示的 DTG 结果一致。钙矾石的大量形成促进了孔隙充填效应，提高了早期固化后充填体的强度。硅酸三钙和硅酸二钙的物相峰被检测到，证实了胶结剂在低温下水化不足的现象。硅酸三钙和硅酸二钙的物相峰随着 NaCl 浓度的增加而降低，反映了 NaCl 浓度的升高对胶凝系统水化反应的积极影响。在 NaCl 浓度为 0 g/L 和 30 g/L 时，所有胶结剂样品中均可以检测到单碳铝酸盐（11.7°，2θ），而在 90 g/L NaCl 溶液中几乎不可见。单碳铝酸盐的形成是方解石与铝酸三钙反应的结果。90 g/L NaCl 溶液中无穷小的单碳铝酸盐物相是相对快速水化导致碳酸根的摩尔比［$CO_3^{2-}/(CO_3^{2-}+2OH^-)$］小于 0.5[154]所导致的。这种情况下形成的是半碳铝酸盐而不是单碳铝酸盐，但是由于其形成的量较小，且结晶程度较低，半碳铝酸盐并没有在 XRD 物中显现。随着冰冻时间的增加，钙矾石和氢氧钙石的峰值显著增加，说明水化程度增加，这与图 4-20 和图 4-21 的结果一致。

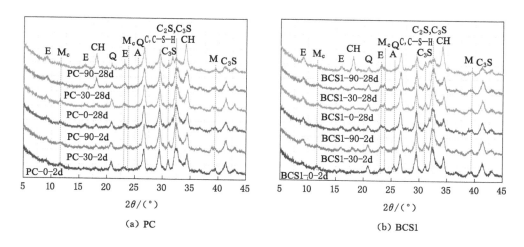

E—钙矾石；M_c—单碳铝酸盐；CH—氢氧钙石；Q—石英；A—无水石膏；C—石灰石；M—莫来石。

图 4-22 不同 NaCl 浓度下胶结剂在冰冻 2 d 和 28 d 时的 XRD 物相分析结果

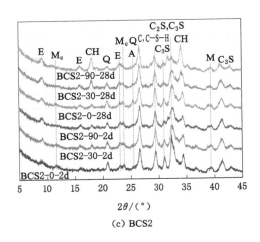 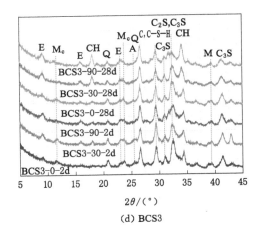

(c) BCS2   (d) BCS3

图 4-22（续）

综上可知，发泡充填体在低温固化时，由于受 NaCl 的影响，冰点降低，水化反应速率加快。在制备发泡充填体时的总水量是相同的，水化反应消耗了更多的自由水，则用于形成孔隙冰的自由水减少。在低温固化初期，NaCl 延缓了孔隙冰的形成，在一定程度上制约了发泡充填体强度的增加，其初期强度的增加主要依赖于生成的水化反应产物；随着冰冻时间的增加，孔隙冰逐渐形成而进一步增加发泡充填体强度。因此，为研究低温固化发泡充填体强度与水化程度及孔隙冰含量的关系，对 2～28 d 冰冻发泡充填体强度增量与相应的化学结合水增量及融解热增量进行数据拟合分析，如图 4-23 所示，拟合相关系数的平方值分别为 0.627 和 0.621，表明冰冻发泡充填体强度随着冰冻时间的延长而表现出的增量与两者关联性不是很密切。如图 4-23(c) 所示，将两者的比值与发泡充填体强度增量进行线性拟合，发现拟合相关系数的平方值为 0.947，呈现比较好的指数关系。可以看出，发泡充填体在 2～28 d 冰冻时间内强度增加是水化反应和孔隙冰的耦合作用决定的。一方面，随着冰冻时间的增加，孔隙冰含量增多，其填充孔隙并增加固体颗粒与孔隙冰之间的摩擦作用，对低温固化充填体强度增加有积极的影响。另一方面，水化反应产物多的发泡充填体用于形成孔隙冰的自由水则相对较少，这在一定程度上对低温固化发泡充填体强度增加存在不利影响。

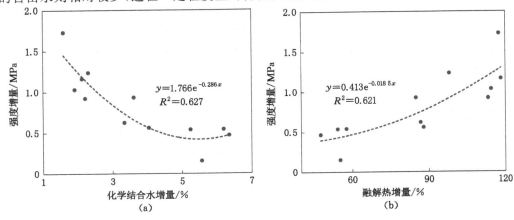

图 4-23　冰冻发泡充填体 2～28 d 强度增量与化学结合水增量和融解热增量的关系

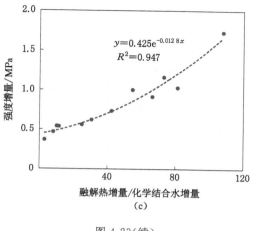

$$y = 0.425e^{-0.0128x}$$
$$R^2 = 0.947$$

(c)

图 4-23（续）

28 d 冰冻发泡充填体常温养护 1 d 后,其处于融解阶段,单轴抗压强度测试结果如图 4-24 所示。未加 NaCl 的发泡充填体单轴抗压强度为 0.45 MPa,而 NaCl 浓度为 30 g/L 的发泡充填体单轴抗压强度均大于 1 MPa。由此可以看出,NaCl 浓度的增加使发泡充填体孔隙溶液冰点显著降低,前期水化速率得以提高,虽然对 28 d 冰冻发泡充填体强度有一定的负面影响,但其能减少冰冻对孔隙结构的破坏,增加水化产物的生成量,能够保证冰冻发泡充填体在融解过程中保持一定的强度,从而能够解决冰冻发泡充填体在融解过程中强度低的问题。

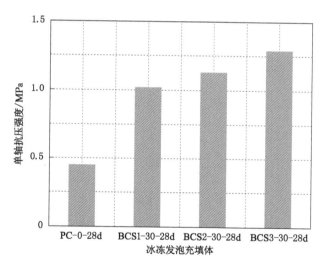

图 4-24　28 d 冰冻发泡充填体常温固化 1 d 后的单轴抗压强度

第5章 发泡充填在傲牛铁矿的应用研究

5.1 概 述

阶段矿房嗣后充填采矿法是以矿岩自身稳固性和嗣后一次性充填体的有机组合来控制采场地压的采矿工艺。阶段矿房在回采前被划分为矿房和矿柱,一步回采矿房,充填采空区,待充填体达到一定强度之后,回采矿柱。按选定的合理回采顺序,可以实现阶段矿块的连续高效开采。在对采空区进行处理时,通常采用尾砂胶结充填,由于尾砂胶结充填体的自缩性,充填接顶很难实现[图 5-1(a)],充填采场顶板易受到上部载荷作用产生下沉位移,这样对充填体和采场的稳定性都会产生不利影响。

为解决上述问题,提出如图 5-1(b)所示的尾砂胶结充填和发泡充填组合的方式处理采空区,提高充填接顶率,改善充填效果。因此,本章根据傲牛铁矿充填开采区域的地质条件建立了与之对应的 FLAC3D 模型,基于该模型模拟了矿房的开采-充填过程,分析了充填体和采场顶板的内部应力及下沉位移,优化发泡充填工艺参数并评估其在矿山的实际应用效果。

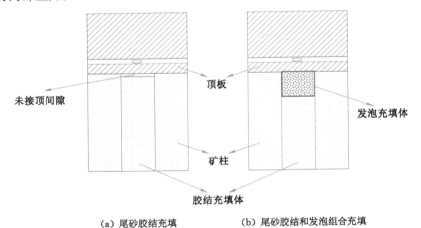

(a) 尾砂胶结充填   (b) 尾砂胶结和发泡组合充填

图 5-1 阶段矿房嗣后充填

5.2 充填开采区域工程概况及数值模型建立

抚顺罕王傲牛铁矿区属于辽宁东北部丘陵山区,属长白山支脉吉林龙岗山向西南延续部分,海拔在 300~500 m 之间,境内群山连绵,森林茂密,灌木丛生,植被极为发育,森林资源丰富,主要以针叶林、人工林为主,森林覆盖率达 67%。区内主要气候特征是冬寒而长,夏热而短,春季短而多风,秋高气爽,降水集中在夏季,年平均气温 7.6 ℃,年平均降水量 837 mm 左右。

矿区大地构造位于华北地台北缘东段、辽东台隆、铁岭—靖宇台拱三级构造单元范围之内,浑河深大断裂南侧。矿区内所见地层除太古界鞍山群通什村组之外,仅在河谷凹地分布有第四系堆积物,地层比较单一。矿体围岩主要为角闪花岗混合岩和角闪斜长片麻岩。矿体顶板岩石为角闪片麻岩和角闪花岗混合岩,底板岩石为角闪斜长片麻岩、黑云斜长片麻岩和角闪花岗混合岩。矿体中夹石较少,主要为角闪斜长片麻岩,一般为透镜状或脉状分布。区域位于浑河支流沙河与太子河分水岭的北侧,矿区位于沙河支流上游。矿床地下水主要直接接受大气降水下渗补给,地下径流补给取决于地形地貌和岩石本身的裂隙发育程度及连通程度等;自然排泄条件较好,以人工开采和地下径流形式排泄。依矿床所处地形地貌、地质构造、地表水体发育状况和岩石富水性、透水性以及地下水补径排条件,其水文地质条件属简单类型。该矿利用阶段矿房嗣后充填法回采矿石,矿房沿走向布置,采场长度为40～50 m,高度约为 50 m,宽度为矿体厚度(矿体平均厚度为 14 m),顶柱高度为 8 m,采用无底部结构的平底式出矿方式,出矿川间距为 10 m。

本书以 Fe15 号矿体为例,建立开采-充填的 FLAC3D 数值模型,如图 5-2 所示,开采水平分别为 370 m、320 m 和 265 m 中段。模型的尺寸为(X,Y,Z)为(350 m,255 m,14 m),主要模拟 265 m 中段矿块的开采-充填过程,采场从左往右依次编号为 301 采场、302 采场、303 采场及 304 采场。对 265 m 中段矿体及顶底矿柱网格进行了细化,其他水平的矿体及围岩均采用自由划分网格。整个模型一共 1 269 104 个单元和 224 465 个节点。模型上边界为地表,不施加任何约束;模型四周边界施加水平约束;模型底部边界施加水平和垂直约束;整个模型受重力作用,取重力加速度为 9.8 m/s²。

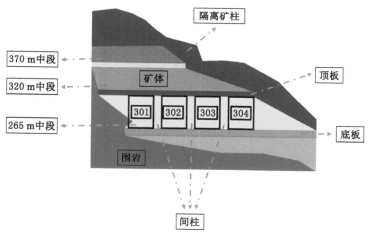

图 5-2 傲牛铁矿开采-充填的 FLAC3D 数值模型

5.3 数值模拟方案及力学参数

5.3.1 发泡充填高度

为研究发泡充填高度对地下采场应力及位移分布的影响,本次模拟设定发泡充填高度分别为 0 m、5 m、10 m、15 m 和 25 m。当发泡充填高度为 0 m 时,采场充填体与顶板处于未接触状态,充填体与顶板存在约 0.5 m 的距离。当采用发泡充填时,充填体与顶板为接触状态。详细的试验方案如表 5-1 所示。充填骨料为傲牛铁矿全尾砂,平均体积直径为 298 μm,普通充填体采用的灰砂比为 1∶6,胶结剂选用强度等级为 32.5 的普通硅酸盐水泥,固体质量浓度为 73%;发泡充填体采用的灰砂比为 1∶4,胶结剂选用强度等级为 32.5 的普通硅酸盐水泥,固体质量浓度为 73%,发泡剂量为 2%(占胶结剂质量的百分比)。

表 5-1 发泡充填高度对充填效果影响的试验方案

序号	发泡充填高度/m	胶结剂类型	充填骨料	固体质量浓度/%
1	0	OPC	T	73
2	5	OPC	T	73
3	10	OPC	T	73
4	15	OPC	T	73
5	25	OPC	T	73

5.3.2 胶结剂类型

为研究不同类型胶结剂制备的发泡充填体充填采场后对地下采场应力及位移分布的影响,本次模拟选用的胶结剂为表 3-4 中所示的含煅烧铝灰胶凝材料,发泡充填高度为 10 m,充填体与顶板为接触状态。详细的试验方案如表 5-2 所示。普通充填体采用的灰砂比为 1∶6,充填骨料为傲牛铁矿全尾砂,胶结剂选用强度等级为 32.5 的普通硅酸盐水泥,固体质量浓度为 73%;发泡充填体采用的灰砂比为 1∶4,固体质量浓度为 73%,发泡剂量为 2%(占胶结剂质量的百分比)。

表 5-2 不同胶结剂类型发泡充填体对充填效果影响的试验方案

序号	发泡充填高度/m	胶结剂类型	充填骨料	固体质量浓度/%
1	10	S1	T	73
2	10	S2	T	73
3	10	S3	T	73
4	10	S4	T	73
5	10	S5	T	73

5.3.3 力学参数

(1)岩体力学参数

在纵向压力作用下测定岩石试样(直径 50 mm、高 100 mm 的圆柱体试样)的纵向(轴向)和横向(径向)变形,据此计算岩石的弹性模量和泊松比,同时记录的峰值应力为岩石的单轴抗压强度;利用巴西劈裂试验,在岩石试样(直径 50 mm、高 25 mm 的圆柱体试样)的直径方向施加相对的线性载荷,使之沿试样直径方向破坏,记录的最大破坏应力为抗拉强度;利用多个角度的剪切试验,获得剪切面上的剪应力和正应力,通过线性回归得到岩石的内聚力和内摩擦角;通过结构面调查对岩体质量进行分级,利用胡克-布朗强度准则对岩石力学参数进行折减,得到岩体力学参数,如表 5-3 所示。

表 5-3　采场开采-充填模拟的力学参数

	弹性模量/GPa	内摩擦角/(°)	内聚力/MPa	抗拉强度/MPa	密度/(kg/m³)
围岩	33.19	42	12.47	10.08	3 000
矿体	46.58	45	14.29	11.55	3 500
普通充填体	0.674	23	0.36	0.31	2 200
发泡充填体	0.416	19	0.21	0.15	1 773

（2）充填体力学参数

制备单轴抗压试验、劈裂试验和直剪试验所需尺寸的试样,待养护 28 d 后,对其进行单轴抗压试验、巴西劈裂试验和直剪试验测试,记录弹性模量、单轴抗压强度和抗拉强度,并依据上述步骤分别估算泊松比、内聚力和内摩擦角,详细的发泡充填体力学参数如表 5-4 所示。

表 5-4　不同胶结剂类型发泡充填体的力学参数

发泡充填体序号	弹性模量/GPa	内摩擦角/(°)	内聚力/MPa	抗拉强度/MPa	密度/(kg/m³)
S1	0.388	19.2	0.20	0.13	1 697
S2	0.315	19.2	0.18	0.12	1 624
S3	0.263	18.8	0.17	0.10	1 585
S4	0.214	18.1	0.15	0.88	1 556
S5	0.172	16.5	0.08	0.65	1 501

5.4　数值模拟结果及分析

5.4.1　发泡充填高度

（1）采场顶板垂直应力及竖直位移分布

图 5-3 给出了傲牛铁矿 Fe15 号矿体 265 m 中段二步回采矿柱并充填且不留设保护间柱的情况下,采场顶板垂直应力和竖直位移随发泡充填高度的变化曲线。由图 5-3（a）可知,不同发泡充填高度对应的采场顶板靠近中间区域主要为垂直方向上的拉应力集中区,靠近两端采场边界主要为垂直方向上的压应力集中区。发泡充填高度为 0 m 时,充填体与采场顶板为未接触状态,顶板受到最大的拉应力为 7.8 MPa;随着发泡充填高度的增加,顶板拉应力逐渐减小,这与充填体对顶板具有一定的支撑作用有关。发泡充填高度达到 10 m 时,顶板拉应力集中现象明显减弱,继续增加发泡充填高度,顶板拉应力集中现象则有较为明显增强的趋势,这可能与发泡充填体整体力学性能较弱有关。由于顶板两侧为围岩边界,其弹性模量和刚度与充填体相差较大,应力集中明显,最大应力达到了 42.3 MPa。

由图 5-3（b）可知,不同发泡充填高度对应的采场顶板靠近中间区域出现最大竖直位移,这与采场顶板靠近中间区域分布较大的应力有关。发泡充填高度为 0 m 时,顶板出现

最大竖直位移,为 26.3 mm;随着发泡充填高度的增加,顶板竖直位移出现减小的趋势,顶板受发泡充填体支撑作用,最小竖直位移为 20.7 mm;随后出现增大的趋势,这与图 5-3(a)中顶板所受应力变化的趋势相一致。由此可见,发泡充填在提高充填接顶率的情况下可改善顶板应力集中现象,同时能减小顶板最大竖直位移。

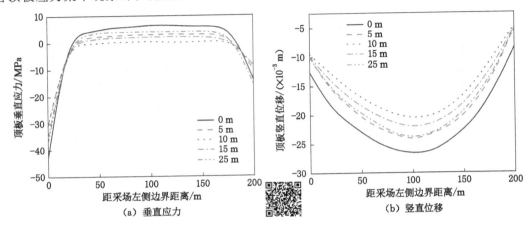

（a）垂直应力 （b）竖直位移

图 5-3 不留保护间柱时采场顶板垂直应力和竖直位移的分布

图 5-4 给出了傲牛铁矿 Fe15 号矿体 265 m 中段二步回采矿柱并充填且留设 10 m 保护间柱的情况下,采场顶板垂直应力随发泡充填高度的变化曲线。可以看出,留设 10 m 保护间柱分散了中段水平边界围岩的应力,最大应力值由 42.3 MPa 降低至约 8 MPa,这说明保护间柱对采场的支撑作用非常明显。当发泡充填高度为 0 m 时,顶板依然出现了较大的拉应力集中现象,应力集中区域位于各采场中心线处,两侧由于保护间柱的支撑作用,顶板受力较小。随着发泡充填高度的增大,在保护间柱和发泡充填体支撑的耦合作用下,顶板受力有先减小后增大的趋势,这与不留设保护间柱时的顶板应力变化类似。

图 5-5 给出了傲牛铁矿 Fe15 号矿体 265 m 中段二步回采矿柱并充填且留设 10 m 保护间柱的情况下,采场顶板竖直位移随发泡充填高度的变化曲线。可以看出,由于 10 m 保护间柱的支撑作用,采场顶板的竖直位移大大减小。发泡充填高度为 0 m 时,最大竖直位移

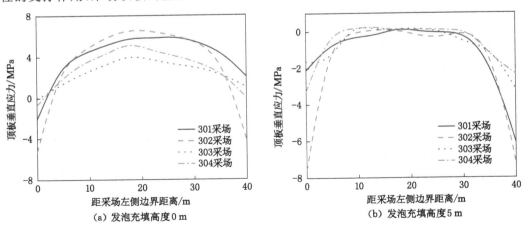

（a）发泡充填高度 0 m （b）发泡充填高度 5 m

图 5-4 留设 10 m 保护间柱时采场顶板垂直应力分布

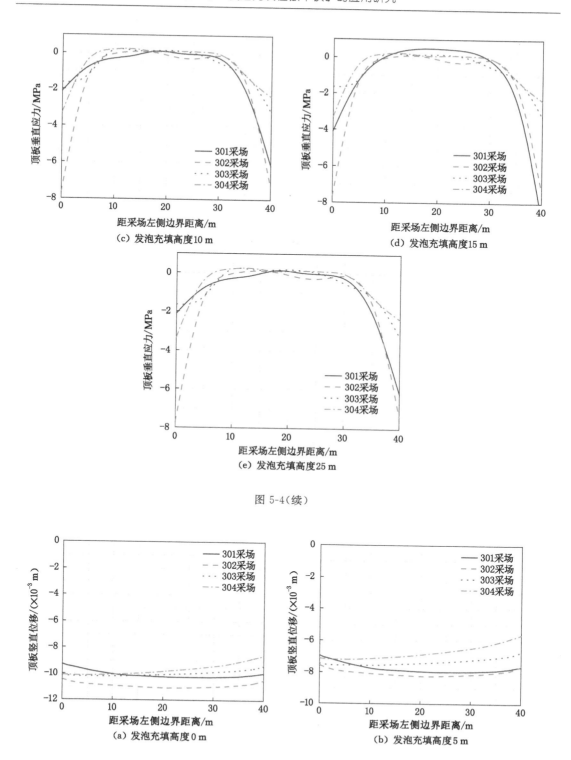

图 5-4（续）

图 5-5　留设 10 m 保护间柱时采场顶板竖直位移分布

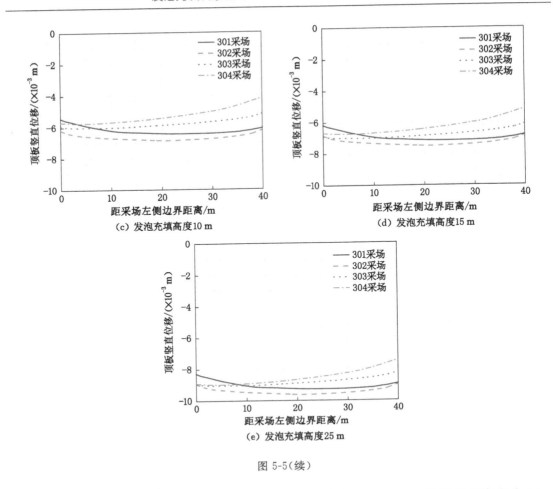

（c）发泡充填高度10 m

（d）发泡充填高度15 m

（e）发泡充填高度25 m

图 5-5（续）

约为 11 mm；发泡充填高度为 5 m 时，顶板竖直位移减小至 8.4 mm；发泡充填高度为 10 m 时，顶板竖直位移达最小值，约为 6.9 mm；发泡充填高度达 25 m 时，顶板竖直位移有所增大，达 9.7 mm。顶板竖直位移大幅度减小与其所受的垂直应力减小有关（受间柱和充填体支撑）。由此可知，在留设 10 m 保护间柱的情况下，可以适当降低充填体的强度（灰砂比），从而降低充填成本，以弥补留设间柱的经济损失。

（2）充填体内部垂直应力及竖直位移分布

图 5-6 给出了 265 m 中段二步回采矿柱并充填且不留保护间柱的情况下，充填体沿采场中线方向上垂直应力随发泡充填高度的变化曲线。可以看出，充填体垂直应力总体上随着距顶板距离的增大而增大。当发泡充填高度为 0 m 时，由于充填体与顶板处于未接触状态，充填体顶部受到应力为 0 MPa；随着距顶板距离的增大，各采场充填体受力增加幅度存在一定差异，301 和 303 采场为一步回采，底部受到最大压应力分别为 0.96 MPa 和 1.17 MPa，302 和 304 采场为二步回采，底部受到最大压应力分别为 0.86 MPa 和 0.78 MPa，均未超出普通充填体抗压强度极限值。当发泡充填高度为 5 m 时，302 和 304 采场发泡充填体顶部出现一定的拉应力，最大拉应力为 0.22 MPa，此时发泡充填体会出现拉伸破坏区域。当发泡充填高度为 10 m 时，顶部拉应力减小，最大值为 0.09 MPa，未超出发泡充填体拉应力极限值。这一变化趋势与普通充填-发泡充填组合充填体由于力学性质

不同而存在界限导致应力传导受阻有关[204]。当发泡充填高度继续增加时,发泡充填体顶部拉应力和普通充填体底部压应力都有增加的趋势,这会对充填体的稳定性产生不利影响。

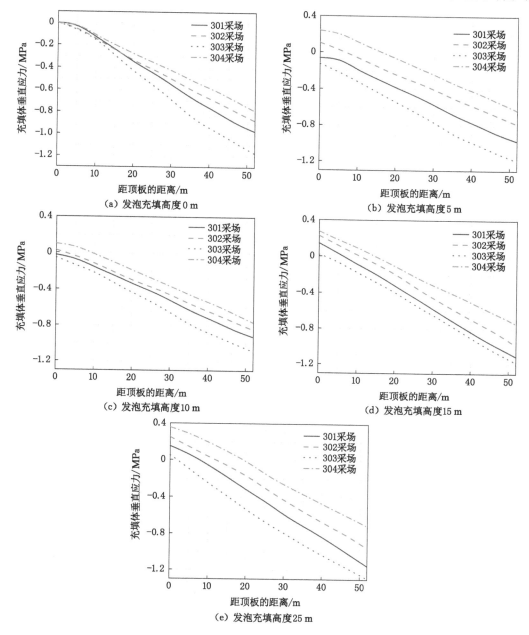

图 5-6 不留保护间柱时采场充填体垂直应力分布

图 5-7 为 265 m 中段二步回采矿柱并充填且不留保护间柱的情况下,充填体沿采场中线方向上竖直位移随发泡充填高度的变化曲线。可以看出,充填体竖直位移最大值均出现在一步开挖采场的充填体中,发泡充填高度分别为 0 m、5 m、10 m、15 m 和 25 m 时,充填体竖直位移最大值分别为 36.1 mm、29.8 mm、29.5 mm、30 mm 和 32.7 mm。发泡充填体能

够增加充填体与围岩的接触面积,增强围岩剪切摩擦阻力,减小充填体竖直位移。二步开挖采场充填体具有相对较小的竖直位移,在发泡充填与普通充填的接触界限上出现较小的竖直位移,这与一步开挖采场充填体不同,这可能与二步开挖采场充填体受一步开挖采场充填体侧向挤压有关。

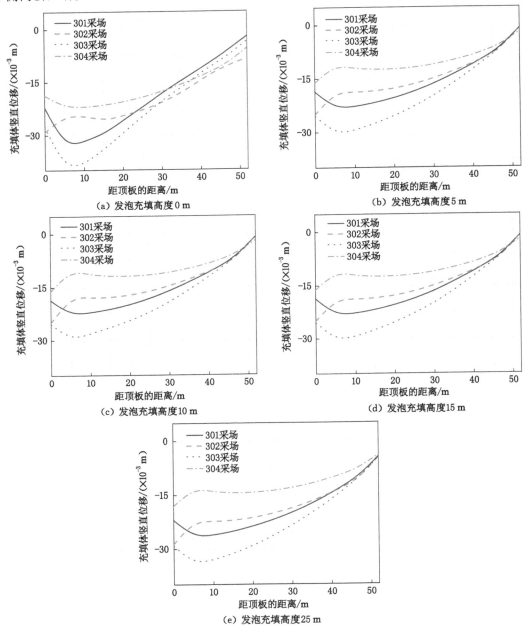

图 5-7　不留保护间柱时采场充填体竖直位移分布

　　图 5-8 给出了 265 m 中段二步回采矿柱并充填且留设 10 m 保护间柱的情况下,充填体沿采场中线方向上垂直应力随发泡充填高度的变化曲线。可以看出,与不留设保护间柱相

比,充填体所有的压应力最大值与拉应力最大值均有所减小,且在发泡充填高度不超过 10 m 时,各采场充填体应力分布呈现相似的状态,当发泡充填高度进一步增加时,各采场充填体应力分布差异变得相对明显。

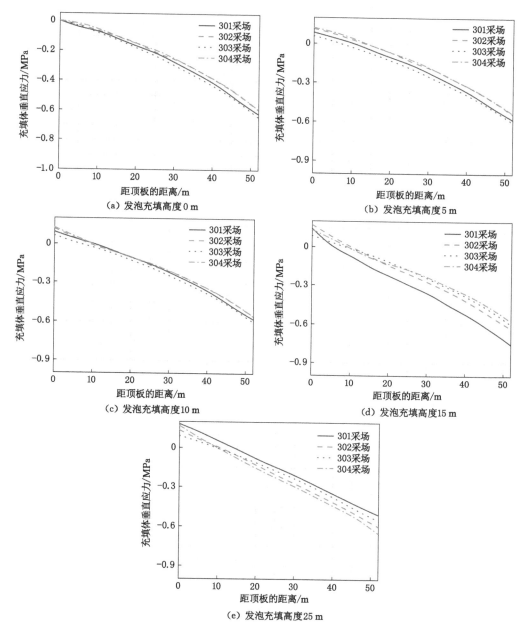

图 5-8　留设 10 m 保护间柱时采场充填体垂直应力分布

图 5-9 为 265 m 中段二步回采矿柱并充填且留设 10 m 保护间柱的情况下,充填体沿采场中线方向上竖直位移随发泡充填高度的变化曲线。由图 5-9 可知,各采场充填体竖直位移均大幅度减小,且 302 和 304 采场充填体受两侧间柱的挤压支撑作用,与 301 和 303 采场

充填体表现出相似的竖直位移分布规律。各发泡充填高度所对应的采场充填体竖直位移最大值分别为 10.4 mm、8.5 mm、8.5 mm、8.8 mm 和 10.7 mm。由于发泡充填体的力学特性相较普通充填体弱,故最大竖直位移出现在沿采场中线方向的发泡充填体中,且一步开挖采场充填体总体上表现出较二步开挖采场大的竖直位移。但在发泡充填高度为 25 m 时,二步开挖采场充填体的竖直位移则较大,这与图 5-8(e)中各采场充填体垂直应力分布规律是一致的。综上可知,发泡充填高度推荐为 5~10 m。

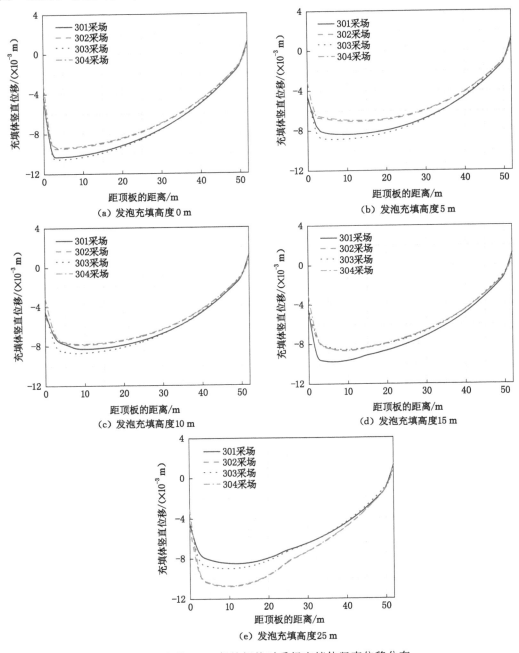

图 5-9 留设 10 m 保护间柱时采场充填体竖直位移分布

5.4.2　胶结剂类型

（1）采场顶板竖直位移分布

图 5-10 给出了 265 m 中段不留设保护间柱时一步采场开挖充填后 301 和 303 采场顶板的竖直位移分布。可以看出，采场顶板竖直位移随着发泡充填体的力学性能降低而增大，这与发泡充填体的承载性能有关。301 采场顶板竖直位移最大值为 3.83 mm，而 303 采场顶板竖直位移最大值为 2.91 mm，两者存在的差异源于采场顶板承载的上覆岩层压力不同。留设 10 m 保护间柱后，一步开挖充填后的采场顶板竖直位移均减小（见图 5-11），最大竖直位移分别为 2.89 mm 和 2.18 mm，这主要源于留设保护间柱后，采场的整体跨度减小，采场顶板垂直位移也相应减小。

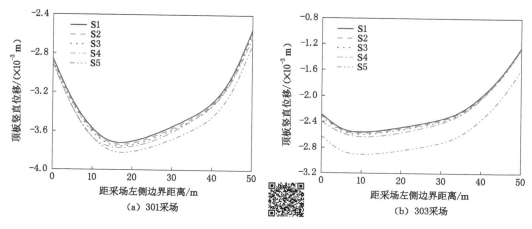

图 5-10　一步采场开挖充填且不留设保护间柱时顶板竖直位移分布

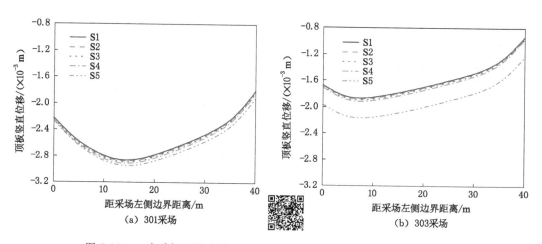

图 5-11　一步采场开挖充填且留设 10 m 保护间柱时顶板竖直位移分布

图 5-12 为 265 m 中段不留设保护间柱时二步矿房采场开挖充填后各采场顶板竖直位移分布。如图 5-12 所示，由于不留设保护间柱，4 个采场充填体连通支撑顶板长度约为 200 m，顶板暴露面积增大，靠近中心处出现最大竖直位移，约为 28.4 mm；当采用 S1 发泡充填时，由于其具有较好的力学特性，对顶板的支撑作用较强，中心处竖直位移最大值减小

为 22.5 mm。留设 10 m 保护间柱后(见图 5-13),由于充填体与保护间柱的挤压摩擦作用,与不留间柱的采场顶板相比较,竖直位移大幅度减小,各采场竖直位移最大值分别为

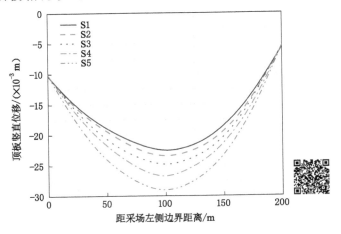

图 5-12　二步采场开挖充填且不留设保护间柱时顶板竖直位移分布

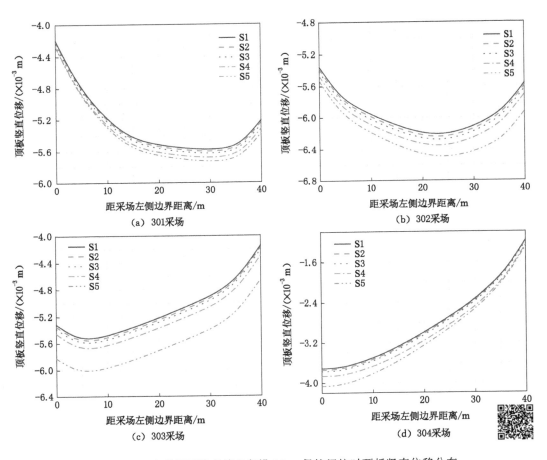

图 5-13　二步采场开挖充填且留设 10 m 保护间柱时顶板竖直位移分布

5.74 mm、6.51 mm、6.04 mm 和 4.06 mm。此外,由于二步矿房的开挖扰动,301 和 303 采场最大竖直位移进一步增大,增量分别为 2.85 mm 和 3.86 mm。

（2）充填体竖直位移分布

图 5-14 给出了 265 m 中段不留设保护间柱时一步矿房回采完毕充填后充填体沿采场中线处的竖直位移分布。可以看出,301 和 303 采场充填体的竖直位移都随着发泡充填体力学性能的降低而增大,这与顶板表现出的变化趋势一致,从而表明充填体强度对采空区稳定性维护的重要性。301 和 303 采场在采用 S5 发泡充填后竖直位移最大值分别为 96.3 mm 和 53.1 mm,并且最大竖直位移均出现在发泡充填与普通充填边界附近,可以推测出,在二步开挖不留设保护间柱时,一步采场充填体很可能会因为强度弱而发生崩塌的现象。

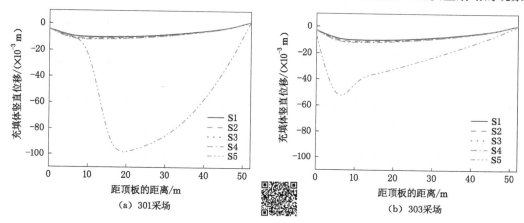

图 5-14　一步采场开挖充填且不留设保护间柱时充填体竖直位移分布

图 5-15 给出了 265 m 中段不留设保护间柱时二步矿房回采完毕充填后充填体沿采场中线处的竖直位移分布。可以看出,当采用 S1—S4 发泡充填时,二步矿房开挖对一步充填体扰动后竖直位移变化不明显;当采用 S5 发泡充填时,301 和 303 采场竖直位移最大值分别增加至 1 424 mm 和 1 118 mm,表明此时充填体内部已经发生了垮塌现象。而二步充填的 302 和 304 采场充填体竖直位移则相对较小,表明一步采场充填体强度满足保持采场稳定的要求,二步采场充填体的强度要求可适当降低,以此来降低充填成本。此外,图 5-16 给出了二步采场开挖充填且不留设保护间柱时充填体塑性区分布。采用 S1—S4 发泡充填时,由于发泡充填体与采场顶板直接接触,受压应力作用,发泡充填层均出现了部分塑性区,并贯穿整个发泡充填体。采用 S5 发泡充填时,上部发泡充填体发生垮塌,引起下部普通充填体较大的竖直位移而产生塑性区贯通的情况,表明此时充填体处于失稳状态。

留设 10 m 保护间柱后（见图 5-17）,由于采场宽度降低为 40 m,充填体的竖直位移有所减小,301 和 303 采场对应的竖直位移最大值分别为 87.3 mm 和 48.2 mm。此外,S1—S5 发泡充填竖直位移也有一定程度的降低,但降低幅度有限。

图 5-18 给出了 265 m 中段留设 10 m 保护间柱时二步矿房回采完毕充填后充填体沿采场中线处的竖直位移分布。可知,留设 10 m 保护间柱后,二次开挖的采场并没有引起发泡充填体的崩塌,301 和 303 采场最大竖直位移分别为 89.5 mm 和 49.6 mm,增加值达 2.2 mm 和 2.4 mm,这表明保护间柱能够很好地保证采场充填体的稳定性。而对于二步采

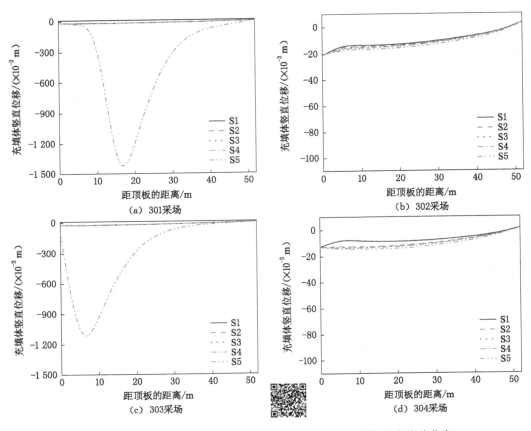

图 5-15　二步采场开挖充填且不留设保护间柱时充填体竖直位移分布

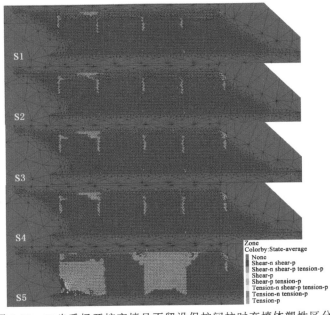

图 5-16　二步采场开挖充填且不留设保护间柱时充填体塑性区分布

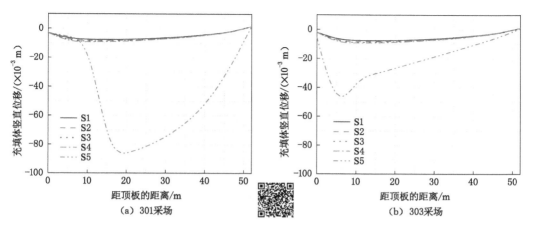

图 5-17　一步采场开挖充填且留设 10 m 保护间柱时充填体竖直位移分布

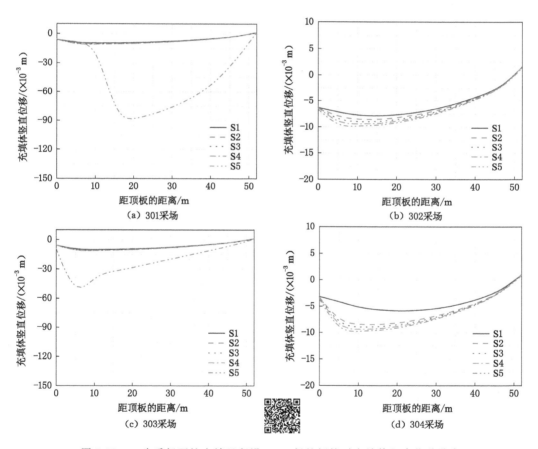

图 5-18　二步采场开挖充填且留设 10 m 保护间柱时充填体竖直位移分布

场(302 和 304 采场),采用 S1—S5 发泡充填时,竖直位移相差较小。参考图 5-19 给出的二步采场开挖充填且留设 10 m 保护间柱时充填体塑性区分布可以看出,采用 S1—S4 发泡充填时,塑性区只出现在发泡充填层的上部和靠近矿柱应力集中的区域,但总体上并没有形成大的塑性贯通区,采场充填体的稳定性能够保持。采用 S5 发泡充填时,301 采场出现了较大的塑性贯通区,采场内部充填体遭到破坏而失稳,这是由于 301 采场上覆岩层压力较大。303 采场塑性区较 302 采场和 304 采场要大,这与其受二步开挖扰动有关。

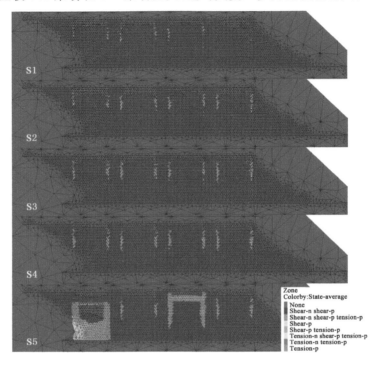

图 5-19 二步采场开挖充填且留设 10 m 保护间柱时充填体塑性区分布

综上可知,为保证采场顶板和充填体的稳定性,不留设保护间柱时,需要采用强度较大的发泡充填体,强度值至少为 1 MPa(S4);而二步采场开挖后所采用的充填体强度可稍微降低以降低充填成本;留设 10 m 保护间柱时,采场顶板和充填体受间柱的挤压支撑作用,稳定性大大增加,一步和二步采场开挖后所采用的充填体可选用强度稍低的发泡充填体配比。

5.5　充填工业试验

傲牛铁矿 304 采场于 2019 年 12 月完成回采、出矿工作,作为发泡充填与普通充填相结合的试验矿块进行充填作业。304 采场位于 127 线至 128 线之间的 Fe15 号矿体,其上部为原露天矿坑(已回填),采场已回采结束形成采空区,经测算 304 采场整体采空区体积约为 19 000 m³(采空区内有少部分存窿矿石,实际采空区体积比此数值小)。为对比发泡充填效果,选取 Fe14 号矿体的 318 采场作为普通充填试验矿块,该采场于 2019 年 6 月完成回采、出矿工作,可进行充填作业,经测算 318 采场整体采空区体积约为 20 000 m³(采空区内有存窿矿石,实际采空区体积比此数值小)。

5.5.1　充填工艺参数的选取

利用发泡充填与普通充填相结合的方式处理 Fe15 号矿体 304 采场采空区,充填骨料均为傲牛铁矿全尾砂,胶结剂为自制的含 5% 煅烧铝灰-超细矿渣基胶凝材料。普通充填体灰砂比为 1:10,充填高度约为 47 m;由数值模拟结果可知,发泡充填体强度大于 1 MPa 能较好地保持充填采空区的稳定性,根据预试验结果,确定发泡充填体灰砂比为 1:6,充填高度约为 5 m,发泡剂选用 30% 的过氧化氢,发泡剂量为胶结剂质量的 2.4%,充填料浆固体质量浓度均为 73%。

利用普通充填处理 Fe14 号矿体的 318 采场采空区,充填工艺参数与 Fe15 号矿体 304 采场采空区所采用的参数相同,充填高度约为 43 m。

5.5.2　管道的铺设

(1) Fe15 号矿体 304 采场采空区

充填站位于地表 127 线附近,标高 +345 m,如图 5-20 所示。充填钻孔从地表直接打入采空区,孔深 28 m,充填管路经地表原管路到新钻孔,充填料直接进入采空区。

图 5-20　傲牛铁矿地表充填站

增加工程:在 320 m 中段 128 线天井 290 m 分层施工一联络巷与采空区相通,用于布置分层滤水管,规格 1.8 m×2 m,长度约 12 m。

充填倍线:经计算为 3.1(未考虑管路弯头),可以实现自流。

(2) Fe14 号矿体 318 采场采空区

充填站位于地表 127 线附近,标高 +345 m。充填钻孔利用原 129 线—130 线 +317 m 水平平台的钻孔,充填管路经地表充填孔到 265 m 中段,沿 301 采场脉外巷到达 128 线采场天井,再接到 258 m 水平至 318 采场采空区。

增加工程:在 265 m 中段 128 天井下方 258 m 水平施工一联络巷与采空区相通,规格 1.8 m×2 m,长度约 20 m。

充填倍线:经计算为 3.68(未考虑管路弯头),可以实现自流。

5.5.3 挡墙的制作

采空区封闭挡墙采用浇筑混凝土挡墙,265 m 中段的每个采空区砌筑 1 个充填挡墙,挡墙厚度为 600 mm,设计如图 5-21 所示的充填挡墙,具体尺寸可根据巷道实际规格稍做调整。

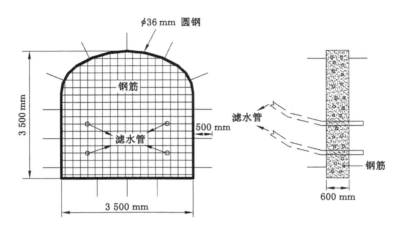

图 5-21 充填挡墙

挡墙施工过程中要注意选择位置,通常位置选择在围岩稳固、挡墙承受压力最小、施工用料少、操作简单又安全的地点;要清理现场,清理巷道时一定要清理到硬底板,基础开挖 0.3 m 深、0.8 m 宽堑沟,以免存在余渣或活动的岩石块导致密闭接缝不严而产生漏浆事故;挡墙为混凝土浇筑,施工锚杆时保证进入岩体 500 mm,锚杆间距 800 mm;采用 C30 混凝土、ϕ36 mm 圆钢、ϕ12 mm 螺纹钢筋,墙体钢筋网度标准为 200 mm×200 mm;脱水管安装按每道挡墙现场情况实际排布,墙体施工结束后起模抹缝;操作人员应远离采空区边缘,在相对安全的地点工作,包括浇筑挡墙与安装滤水管。挡墙养护期 28 d,经打压检测合格后方可使用。

5.5.4 溢流水处理

(1) Fe15 号矿体 304 采场采空区

采场内滤水管经 320 m 水平和 290 m 水平联络巷下放到采场,在 265 m 水平底部挡墙接出。采场内尾砂溢流水经 265 m 中段挡墙滤水管流出,沿水沟流至 265 m 中段水仓。

(2) Fe14 号矿体 318 采场采空区

采场内滤水管经 258 m 水平联络巷下放到采场,在 230 m 水平底部挡墙接出。采场内尾砂溢流水经 230 m 水平分段挡墙滤水管流出,沿水沟流至 215 m 中段主水仓。

5.5.5 充填操作

充填作业要严格执行以下要求。首先,清洗充填管道,控制好时间,不需要长时间冲洗,避免过多的水进入充填区域。充填管口见清水后应立即电话通知充填站停止冲洗,马上进行充填作业。其次,开始充填要控制好充填浓度,确保成品浆浓度,浓度超限会造成过度黏稠而下料不畅,甚至堵管。

充填过程中要做好沟通,充填区及充填站有电话进行沟通;每次作业要交代好,通过调度的协调安排进行生产,出现紧急情况要及时联系调度。

每次充填地面充填站要做好充填统计工作,要求记录翔实确切;井下充填区域人员要做好监察工作,查看充填区域效果及有无漏浆,在充填挡墙周围预备一些沙袋及填堵物,以备挡墙跑浆时处理。按充填能力 200 m³/h 计算,每天充填 8 h,在每天连续充填情况下,304 采场充填结束约需要 12 d,318 采场充填结束约需要 13 d,充填流程如图 5-22 所示。

料浆地表管道输送　➡　阶段巷道充填钻孔　➡　采空区充填

图 5-22　现场充填流程

5.5.6　发泡充填效果评估

为对比此次试验矿块的充填效果,对 Fe15 号矿体 304 采场和 Fe14 号矿体 318 采场顶板上部的巷道变形和顶板应力变化情况进行了监测,通过对比巷道位移和顶板应力变化,对充填采场的稳定性作出评价。

(1) 监测设备和监测位置选择

① 由于采场回采-充填后处于封闭的状态,且现场条件十分复杂,顶板变形监测采用的是 SL-2 型钢尺收敛计,详细参数见表 5-5。在 304 采场顶板对应的 320 m 水平中段联络巷和 318 采场对应的 265 m 水平中段联络巷分别布置 3 个位移监测器,具体安装方式如图 5-23 所示。每个观测面均按三角形的方式布置 3 个观测点 A、B、C,AB 线近似水平,A、B 测点距底板垂距为 1.2～1.3 m。ABC 平面垂直于巷道轴线。根据收敛测量数据,可以确定各点的位移等变形特征。

表 5-5　SL-2 型钢尺收敛计参数

参　　数	数　　值
测量范围/m	0.5～15
测量精度/mm	0.2
分辨率/mm	0.01
使用环境温度/℃	0～40

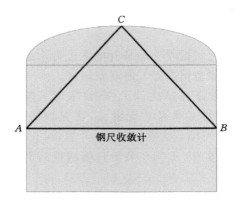

图 5-23　位移监测设备布置

② 除位移变形监测之外,还利用 ZLGH-20 矿用本安型钻孔应力计对采场顶板应力变化情况进行监测。ZLGH-20 型钻孔应力计是用于煤矿井下煤层或者岩层内部的地应力监测,以及充填开采中充填体的承载压力监测,可对压力数据进行自动测量、自动记录的自动化设备。将应力计与测力计连接,当岩体发生变化时应力计受力,应力通过测力计测量单元转换为模拟量,送信号处理单元,转换为数字量输出。ZLGH-20 型钻孔应力计详细参数见表 5-6。

表 5-6　ZLGH-20 型钻孔应力计参数

参　　数	数　　值
量程/MPa	0～10
测量精度/级	2.5
分辨率/MPa	0.01
钻孔直径/mm	45
钻孔深度/m	0～10
使用环境温度/℃	0～40

先在采空区上部顶板(巷道底板)中心处施工钻孔,钻孔直径为 45 mm,钻孔施工完毕后,使用专业安装管将应力传感器缓慢送入,直至钻孔的末端位置,这里选取的深度为 4 m。将电子数显液压转换器与三通连接;并用注液枪注液,使应力感应器与岩体耦合,观测电子数显液压转换器的压力表,当压力达到 3 MPa 后开始测量。

(2) 监测数据分析

① SL-2 型钢尺收敛计监测数据分析

根据设备安装完成后监测数据的对比和现场实际情况,把监测时间间隔设置为每 15 d 监测一次数据,如发现数据变化较大,则将监测时间间隔缩短。两条巷道变形监测数据取平均值后如表 5-7 和表 5-8 所示。

表 5-7　304 采场采空区上部巷道监测数据

日期	AB/mm	AC/mm	BC/mm	两帮收敛值/mm	顶板沉降值/mm
2020-12-05	3 810.148	2 694.588	2 600.784	0	0
2020-12-20	3 809.024	2 693.793	2 600.016	1.124	1.368
2021-01-07	3 807.637	2 692.813	2 599.070	2.511	2.945
2021-01-22	3 806.050	2 691.690	2 597.986	4.098	3.831
2021-02-08	3 804.782	2 690.793	2 597.121	5.366	4.604
2021-02-22	3 802.858	2 689.433	2 595.808	7.290	5.868
2021-03-06	3 801.911	2 688.763	2 595.161	8.237	6.647
2021-03-21	3 801.243	2 688.291	2 594.705	8.905	7.882
2021-04-04	3 800.932	2 688.071	2 594.493	9.216	8.661
2021-04-20	3 800.656	2 687.876	2 594.304	9.492	9.146
2021-05-05	3 800.478	2 687.891	2 594.319	9.670	9.268

表 5-8　318 采场采空区上部巷道监测数据

日期	AB/mm	AC/mm	BC/mm	两帮收敛值/mm	顶板沉降值/mm
2020-12-07	3 814.255	2 697.493	2 645.114	0	0
2020-12-22	3 811.887	2 695.818	2 643.472	2.368	2.968
2021-01-06	3 808.900	2 693.706	2 641.401	5.355	4.345
2021-01-20	3 805.788	2 691.505	2 639.243	8.467	7.931
2021-02-04	3 802.912	2 689.471	2 637.248	11.343	11.104
2021-02-19	3 799.664	2 687.174	2 634.996	14.591	13.868
2021-03-03	3 797.117	2 685.373	2 633.230	17.138	14.647
2021-03-18	3 795.493	2 684.224	2 632.103	18.762	15.882
2021-04-02	3 794.860	2 683.777	2 631.664	19.395	16.661
2021-04-16	3 794.343	2 683.411	2 631.306	19.912	17.146
2021-05-01	3 793.987	2 683.159	2 631.059	20.268	18.748

由图 5-24 可以看出,截至 2021 年 5 月 5 日,320 m 水平巷道两帮的最大收敛值为 9.67 mm,顶板的最大沉降值为 9.268 mm。320 m 水平巷道埋深为 50～300 m,允许位移相对值为巷道宽度(AB)的 0.2%～0.5%,即 7.62～19.051 mm。此时两帮收敛值处于此数值范围内,能够保证 320 m 水平巷道的安全稳定。由图 5-25 可以看出,截至 2021 年 5 月 1 日,265 m 水平巷道两帮最大收敛值为 20.268 mm,顶板最大沉降值为 18.748 mm。265 m 水平巷道埋深为 50～300 m,允许位移相对值为巷道宽度(AB)的 0.2%～0.5%,即 7.629～19.071 mm。此时 265 m 水平巷道两帮收敛位移稍有超出安全范围,且顶板沉降值相对较大,这说明普通充填未接顶对巷道的安全性有较大的影响。由此表明,发泡充填体充填采空区上层,在接顶时能够减少顶板下沉,维护巷道和采场的稳定,从而保障安全采矿。

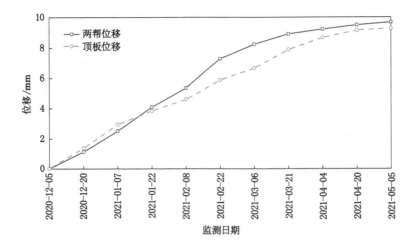

图 5-24 304 采场采空区上部巷道顶板沉降及两帮收敛变化情况

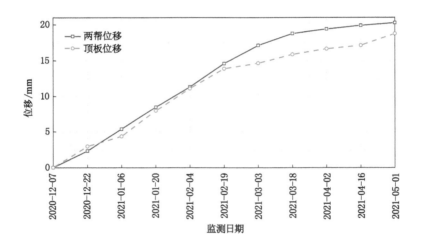

图 5-25 318 采场采空区上部巷道顶板沉降及两帮收敛变化情况

② ZLGH-20 型钻孔应力计监测数据分析

根据现场实际情况,设置监测时间间隔为每 1 个月监测一次数据,分析数据得出采场采空区顶板应力变化情况,如图 5-26 所示。可以看出,304 采场顶板应力在 2021 年 5 月累计变化值最大,绝对值为 0.31 MPa,而 2021 年 3—5 月的应力数值变化逐渐趋于平稳,说明附近区域的采矿活动并未造成此采场采空区顶板的应力集中。而 318 采场顶板从 2021 年 3 月开始应力数值变化增大,直至 2021 年 5 月累计变化绝对值达 1.15 MPa。由此可以看出,此充填采场受附近区域采矿活动的影响较大,在充填一定时间后,采场顶板出现了应力集中现象,围岩的稳定性降低,充填效果不好。

根据以上监测数据分析可知,采用普通充填与发泡充填相结合充填方式的 304 采场顶板应力变化小,且采场上方巷道变形小,充分体现了充填体对围岩稳定性的维护作用。

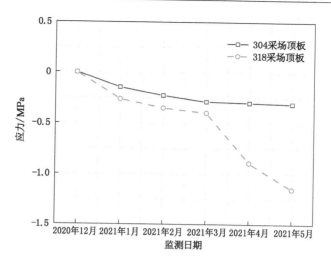

图 5-26　采场采空区顶板应力变化情况

参 考 文 献

[1] 段瑜.地下采空区灾害危险度的模糊综合评价[D].长沙:中南大学,2005.

[2] 刘恋,郝情情,郝梓国,等.中国金属尾矿资源综合利用现状研究[J].地质与勘探,2013,
49(3):437-443.

[3] 吴爱祥,姜关照,王贻明.矿山新型充填胶凝材料概述与发展趋势[J].金属矿山,
2018(3):1-6.

[4] 吴爱祥,杨莹,程海勇,等.中国膏体技术发展现状与趋势[J].工程科学学报,2018,
40(5):517-525.

[5] FALL M,CÉLESTIN J C,POKHAREL M,et al. A contribution to understanding the
effects of curing temperature on the mechanical properties of mine cemented tailings
backfill[J]. Engineering geology,2010,114(3/4):397-413.

[6] 朱鹏瑞,王东旭,宋卫东,等.充填接顶率对采场顶板稳定性影响的数值模拟研究[J].矿
业研究与开发,2015,35(5):39-42.

[7] 陆玉根,陈建宏,蒋权,等.基于采场充填接顶率与充填体承载性能的研究[J].矿业研究
与开发,2011,31(5):18-21.

[8] 瞿群迪,姚强岭,李学华,等.充填开采控制地表沉陷的关键因素分析[J].采矿与安全工
程学报,2010,27(4):458-462.

[9] 孙勇.提高充填结顶率的几种有效措施[J].现代矿业,2012,27(8):100-101.

[10] 张雄天.膨胀充填材料的试验研究[D].沈阳:东北大学,2014.

[11] 杨超,郭利杰,王劼.矿山充填膨胀材料及其性能研究[J].中国矿业,2019,28(增刊1):
194-199.

[12] 尹升华,邵亚建,吴爱祥,等.含硫充填体膨胀裂隙发育特性与单轴抗压强度的关联分
析[J].工程科学学报,2018,40(1):9-16.

[13] 胡磊,任高峰,钱兆明,等.膨胀充填体在控制地表沉降量中的作用[J].金属矿山,
2014(11):127-131.

[14] 于清军,徐帅,李元辉,等.泡沫膨胀充填材料膨胀性能研究[J].金属矿山,2018(5):
1-6.

[15] 张钦礼,李奕腾,陈秋松,等.温度和pH值对全尾砂膏体流变特性的影响[J].中南大
学学报,2021(6):1707-1723.

[16] YANG L,YILMAZ E,LI J W,et al. Effect of superplasticizer type and dosage on
fluidity and strength behavior of cemented tailings backfill with different solid
contents[J]. Construction and building materials,2018,187:290-298.

[17] GUO Z B,QIU J P,JIANG H Q,et al. Flowability of ultrafine-tailings cemented paste

backfill incorporating superplasticizer:insight from water film thickness theory[J]. Powder technology,2021,381:509-517.

[18] QIU J P,GUO Z B,YANG L,et al. Effects of packing density and water film thickness on the fluidity behaviour of cemented paste backfill[J]. Powder technology, 2020,359:27-35.

[19] QIU J P,GUO Z B,YANG L,et al. Effect of tailings fineness on flow, strength, ultrasonic and microstructure characteristics of cemented paste backfill [J]. Construction and building materials,2020,263:120645.

[20] HALLAL A,KADRI E H,EZZIANE K,et al. Combined effect of mineral admixtures with superplasticizers on the fluidity of the blended cement paste[J]. Construction and building materials,2010,24(8):1418-1423.

[21] KOU Y P,JIANG H Q,REN L,et al. Rheological properties of cemented paste backfill with alkali-activated slag[J]. Minerals,2020,10(3):288.

[22] ROSHANI A,FALL M. Rheological properties of cemented paste backfill with nano-silica: link to curing temperature [J]. Cement and concrete composites, 2020, 114:103785.

[23] ZHAO Y L,QIU J P,MA Z Y. Temperature-dependent rheological,mechanical and hydration properties of cement paste blended with iron tailings [J]. Powder technology,2021,381:82-91.

[24] PENG X P,FALL M,HARUNA S. Sulphate induced changes of rheological properties of cemented paste backfill[J]. Minerals engineering,2019,141:105849.

[25] OUATTARA D, MBONIMPA M, YAHIA A, et al. Assessment of rheological parameters of high density cemented paste backfill mixtures incorporating superplasticizers[J]. Construction and building materials,2018,190:294-307.

[26] FUNG W W S,KWAN A K H,WONG H H C. Wet packing of crushed rock fine aggregate[J]. Materials and structures,2009,42(5):631-643.

[27] KWAN A K H,WONG H H C. Effects of packing density,excess water and solid surface area on flowability of cement paste[J]. Advances in cement research,2008, 20(1):1-11.

[28] WONG H H C,KWAN A K H. Rheology of cement paste:role of excess water to solid surface area ratio[J]. Journal of materials in civil engineering,2008,20(2): 189-197.

[29] YE H,GAO X J,WANG R,et al. Relationship among particle characteristic,water film thickness and flowability of fresh paste containing different mineral admixtures [J]. Construction and building materials,2017,153:193-201.

[30] KWAN A K H,CHEN J J. Roles of packing density and water film thickness in rheology and strength of cement paste[J]. Journal of advanced concrete technology, 2012,10(10):332-344.

[31] KWAN A K H,LI L G. Combined effects of water film,paste film and mortar film

thicknesses on fresh properties of concrete[J]. Construction and building materials, 2014,50:598-608.

[32] GHASEMI Y,EMBORG M,CWIRZEN A. Effect of water film thickness on the flow in conventional mortars and concrete[J]. Materials and structures,2019,52(3):62.

[33] KWAN A K H,MCKINLEY M. Effects of limestone fines on water film thickness,paste film thickness and performance of mortar[J]. Powder technology,2014,261:33-41.

[34] LIU W B,ZHANG X. Study on volume stability of chemical foaming cement paste [J]. KSCE journal of civil engineering,2017,21(7):2790-2797.

[35] 史采星,郭利杰,杨超.充填体主动接顶膨胀材料性能试验研究[J].中国矿业,2020, 29(9):87-92.

[36] 张月侠.基于膨胀材料的充填接顶技术研究[D].沈阳:东北大学,2014.

[37] 沙学伟.膨胀性充填材料力学特性及对采场地层控制影响分析[D].徐州:中国矿业大 学,2019.

[38] 尹升华,刘家明,邵亚建,等.全尾砂-粗骨料膏体早期抗压强度影响规律及固化机理 [J].中南大学学报(自然科学版),2020,51(2):478-488.

[39] 张钦礼,王钟莘,荣帅,等.深井矿山全尾砂胶结充填体早期强度特性及微观影响机理 分析[J].有色金属工程,2019,9(6):97-104.

[40] FALL M, BENZAAZOUA M, OUELLET S. Experimental characterization of the influence of tailings fineness and density on the quality of cemented paste backfill[J]. Minerals engineering,2005,18(1):41-44.

[41] BENZAAZOUA M, FALL M, BELEM T. A contribution to understanding the hardening process of cemented pastefill[J]. Minerals engineering, 2004, 17 (2): 141-152.

[42] YIN S H,WU A X,HU K J,et al. The effect of solid components on the rheological and mechanical properties of cemented paste backfill[J]. Minerals engineering,2012, 35:61-66.

[43] KOOHESTANI B,BELEM T,KOUBAA A,et al. Experimental investigation into the compressive strength development of cemented paste backfill containing nano-silica [J]. Cement and concrete composites,2016,72:180-189.

[44] LI W C,FALL M. Sulphate effect on the early age strength and self-desiccation of cemented paste backfill[J]. Construction and building materials,2016,106:296-304.

[45] 韦寒波,巴蕾,高谦.粉煤灰掺量对胶结充填体强度影响规律研究[J].矿业研究与开 发,2020,40(12):28-32.

[46] 刘树龙,李公成,刘国磊,等.基于高炉矿渣胶凝材料的充填体早期强度特性研究及微 观结构演化[J].矿业研究与开发,2020,40(11):71-75.

[47] SUN Q, TIAN S, SUN Q W, et al. Preparation and microstructure of fly ash geopolymer paste backfill material [J]. Journal of cleaner production, 2019, 225: 376-390.

[48] CHEN S J,DU Z W,ZHANG Z,et al. Effects of chloride on the early mechanical

properties and microstructure of gangue-cemented paste backfill[J]. Construction and building materials,2020,235:117504.

[49] LIU L, XIN J, FENG Y, et al. Effect of the cement-tailing ratio on the hydration products and microstructure characteristics of cemented paste backfill[J]. Arabian journal for science and engineering,2019,44(7):6547-6556.

[50] LIU L, XIN J, HUAN C, et al. Pore and strength characteristics of cemented paste backfill using sulphide tailings: effect of sulphur content [J]. Construction and building materials,2020,237:117452.

[51] GARTNER E. Industrially interesting approaches to "low-CO_2" cements[J]. Cement and concrete research,2004,34(9):1489-1498.

[52] ABDALQADER A, JIN F, AL-TABBAA A. Performance of magnesia-modified sodium carbonate-activated slag/fly ash concrete [J]. Cement and concrete composites,2019,103:160-174.

[53] 李茂辉,杨志强,王有团,等. 粉煤灰复合胶凝材料充填体强度与水化机理研究[J]. 中国矿业大学学报,2015,44(4):650-655,695.

[54] LOTHENBACH B, SCRIVENER K, HOOTON R D. Supplementary cementitious materials[J]. Cement and concrete research,2011,41(12):1244-1256.

[55] ZHAO Y L,QIU J P,ZHENGYU M A,et al. Effect of superfine blast furnace slags on the binary cement containing high-volume fly ash[J]. Powder technology,2020, 375:539-548.

[56] WANG Q,YAN P Y,MI G D. Effect of blended steel slag-GBFS mineral admixture on hydration and strength of cement[J]. Construction and building materials,2012, 35:8-14.

[57] FERNÁNDEZ A, GARCÍA C J L, ALONSO M C. Ordinary portland cement composition for the optimization of the synergies of supplementary cementitious materials of ternary binders in hydration processes [J]. Cement and concrete composites,2018,89:238-250.

[58] WANG X Y. Effect of fly ash on properties evolution of cement based materials[J]. Construction and building materials,2014,69:32-40.

[59] DESCHNER F, WINNEFELD F, LOTHENBACH B, et al. Hydration of portland cement with high replacement by siliceous fly ash[J]. Cement and concrete research, 2012,42(10):1389-1400.

[60] GLUKHOVSKY V D,ROSTOVSKAJA G S,RUMYNA G V. High strength slag-alkaline cements[C]//7th International Congress on the Chemistry of Cement,1980.

[61] DAVIDOVITS J. Synthesis of new high-temperature geo-polymers for reinforced plastics/composites[R].[S. l.],1979.

[62] DAVIDOVITS J,SAWYER J L. Early high-strength mineral polymer:AU3996785A [P]. 1985-09-10.

[63] RAHIER H, SIMONS W, VAN MELE B, et al. Low-temperature synthesized

aluminosilicate glasses: part Ⅲ Influence of the composition of the silicate solution on production, structure and properties [J]. Journal of materials science, 1997, 32 (9): 2237-2247.

[64] BARBOSA V F F, MACKENZIE K J D, THAUMATURGO C. Synthesis and characterisation of materials based on inorganic polymers of alumina and silica: sodium polysialate polymers[J]. International journal of inorganic materials, 2000, 2(4):309-317.

[65] DAVIDOVITS J. Chemistry of geopolymeric systems terminology[C]//Geopolymer '99 International Conference, Saint-Quentin, 1999.

[66] ALONSO S, PALOMO A. Calorimetric study of alkaline activation of calcium hydroxide-metakaolin solid mixtures[J]. Cement and concrete research, 2001, 31(1): 25-30.

[67] ALONSO S, PALOMO A. Alkaline activation of metakaolin and calcium hydroxide mixtures: influence of temperature, activator concentration and solids ratio [J]. Materials letters, 2001, 47(1/2):55-62.

[68] PALOMO A, GRUTZECK M W, BLANCO M T. Alkali-activated fly ashes[J]. Cement and concrete research, 1999, 29(8):1323-1329.

[69] FERNÁNDEZ-JIMÉNEZ A, PALOMO A. Composition and microstructure of alkali activated fly ash binder: effect of the activator[J]. Cement and concrete research, 2005, 35(10):1984-1992.

[70] JIANG H Q, QI Z J, YILMAZ E, et al. Effectiveness of alkali-activated slag as alternative binder on workability and early age compressive strength of cemented paste backfills[J]. Construction and building materials, 2019, 218:689-700.

[71] PURDON A O. The action of alkalis on blast-furnace slag[J]. Journal of the society of chemical industry, 1940, 59:191-202.

[72] WANG S D, SCRIVENER K L. Hydration products of alkali activated slag cement [J]. Cement and concrete research, 1995, 25(3):561-571.

[73] FERNÁNDEZ-JIMÉNEZ A, PALOMO J G, PUERTAS F. Alkali-activated slag mortars[J]. Cement and concrete research, 1999, 29(8):1313-1321.

[74] PUERTAS F, FERNÁNDEZ-JIMÉNEZ A. Mineralogical and microstructural characterisation of alkali-activated fly ash/slag pastes [J]. Cement and concrete composites, 2003, 25(3):287-292.

[75] PUERTAS F, MARTÍNEZ-RAMÍREZ S, ALONSO S, et al. Alkali-activated fly ash/slag cements[J]. Cement and concrete research, 2000, 30(10):1625-1632.

[76] SWANEPOEL J C, STRYDOM C A. Utilisation of fly ash in a geopolymeric material [J]. Applied geochemistry, 2002, 17(8):1143-1148.

[77] CHENG T W, CHIU J P. Fire-resistant geopolymer produced by granulated blast furnace slag[J]. Minerals engineering, 2003, 16(3):205-210.

[78] PAN Z H, CHENG L, LU Y N, et al. Hydration products of alkali-activated slag-red

mud cementitious material[J]. Cement and concrete research,2002,32(3):357-362.

[79] PAN Z H,LI D X,YU J,et al. Properties and microstructure of the hardened alkali-activated red mud-slag cementitious material[J]. Cement and concrete research,2003,33(9):1437-1441.

[80] SHI C J. Studies on several factors affecting hydration and properties of lime-pozzolan cements[J]. Journal of materials in civil engineering,2001,13(6):441-445.

[81] ANTIOHOS S,TSIMAS S. Activation of fly ash cementitious systems in the presence of quicklime[J]. Cement and concrete research,2004,34(5):769-779.

[82] ANTIOHOS S K, PAPAGEORGIOU A, PAPADAKIS V G, et al. Influence of quicklime addition on the mechanical properties and hydration degree of blended cements containing different fly ashes[J]. Construction and building materials,2008, 22(6):1191-1200.

[83] DING H X, ZHANG S Y. Quicklime and calcium sulfoaluminate cement used as mineral accelerators to improve the properties of cemented paste backfill with a high volume of fly ash[J]. Materials,2020,13(18):4018.

[84] DO CARMO H F,SCHMIDT H,QUARCIONI V A. Influence of phosphorus from phosphogypsum on the initial hydration of portland cement in the presence of superplasticizers[J]. Cement and concrete composites,2017,83:384-393.

[85] LI X B,DU J,GAO L,et al. Immobilization of phosphogypsum for cemented paste backfill and its environmental effect [J]. Journal of cleaner production, 2017, 156:137-146.

[86] CHEN Q S,ZHANG Q L,QI C C,et al. Recycling phosphogypsum and construction demolition waste for cemented paste backfill and its environmental impact[J]. Journal of cleaner production,2018,186:418-429.

[87] VAIČIUKYNIENĖ D,NIZEVIČIENĖ D,KIELĖ A,et al. Effect of phosphogypsum on the stability upon firing treatment of alkali-activated slag[J]. Construction and building materials,2018,184:485-491.

[88] LI Z F,ZHANG J,LI S C,et al. Effect of different gypsums on the workability and mechanical properties of red mud-slag based grouting materials[J]. Journal of cleaner production,2020,245:118759.

[89] 姜关照,吴爱祥,王贻明,等. 生石灰对半水磷石膏充填胶凝材料性能影响[J]. 硅酸盐学报,2020,48(1):86-93.

[90] 刘道洁. 基于二次铝灰的地质聚合反应对垃圾飞灰稳固化影响研究[D]. 南京:东南大学,2018.

[91] 马池艳. 膨胀充填的实验研究与阶段矿房嗣后充填强度设计[D]. 青岛:青岛理工大学,2012.

[92] ZHANG G,YANG Y Z,YANG H L,et al. Calcium sulphoaluminate cement used as mineral accelerator to improve the property of portland cement at sub-zero temperature[J]. Cement and concrete composites,2020,106:103452.

［93］姜海强.低温环境下膏体材料流动与力学特性实验研究［D］.徐州：中国矿业大学,2016.

［94］TING J M. Tertiary creep model for frozen sands［J］. Journal of geotechnical engineering,1983,109(7):932-945.

［95］TING J M. On the nature of the minimum creep rate-time correlation for soil,ice,and frozen soil［J］. Canadian geotechnical journal,1983,20(1):176-182.

［96］SAYLES F H,CARBEE D L. Strength of frozen silt as a function of ice content and dry unit weight［J］. Engineering geology,1981,18(1/2/3/4):55-66.

［97］NEUBER H,WOLTERS R,NATIONAL RESEARCH COUNCIL OF CANADA DIVISION OF BUILDING RESEARCH. Mechanical behaviour of frozen soils under triaxial compression［R］.［S. l. ］,1977.

［98］JI X,CHAN S Y N,FENG N. Fractal model for simulating the space-filling process of cement hydrates and fractal dimensions of pore structure of cement-based materials ［J］. Cement and concrete research,1997,27(11):1691-1699.

［99］YILMAZ E,BELEM T,BUSSIÈRE B,et al. Relationships between microstructural properties and compressive strength of consolidated and unconsolidated cemented paste backfills［J］. Cement and concrete composites,2011,33(6):702-715.

［100］KONTOLEONTOS F,TSAKIRIDIS P E,MARINOS A,et al. Influence of colloidal nanosilica on ultrafine cement hydration: physicochemical and microstructural characterization［J］. Construction and building materials,2012,35:347-360.

［101］GARG M,PUNDIR A. Investigation of properties of fluorogypsum-slag composite binders: hydration, strength and microstructure ［J］. Cement and concrete composites,2014,45:227-233.

［102］BERODIER E,SCRIVENER K. Evolution of pore structure in blended systems［J］. Cement and concrete research,2015,73:25-35.

［103］KAUFMANN J P. Experimental identification of ice formation in small concrete pores［J］. Cement and concrete research,2004,34(8):1421-1427.

［104］CHANG S. Strength and deformation behaviour of cemented paste backfill in sub-zero environment［D］. Ottawa:University of Ottawa,2016.

［105］HOU C,ZHU W C,YAN B X,et al. The effects of temperature and binder content on the behavior of frozen cemented tailings backfill at early ages［J］. Construction and building materials,2020,239:117752.

［106］TING J M,TORRENCE M R,LADD C C. Mechanisms of strength for frozen sand ［J］. Journal of geotechnical engineering,1983,109(10):1286-1302.

［107］MASI G,RICKARD W D A,VICKERS L,et al. A comparison between different foaming methods for the synthesis of light weight geopolymers ［J］. Ceramics international,2014,40(9):13891-13902.

［108］DUCMAN V,KORAT L. Characterization of geopolymer fly-ash based foams obtained with the addition of Al powder or H_2O_2 as foaming agents［J］. Materials characterization,2016,113:207-213.

[109] 兰文涛,吴爱祥,王贻明.凝水膨胀充填复合材料的配比优化与形成机制[J].复合材料学报,2019,36(6):1536-1545.

[110] 张茂根,翁志学,黄志明,等.颗粒统计平均粒径及其分布的表征[J].高分子材料科学与工程,2000,16(5):1-4.

[111] ARORA A,VANCE K,SANT G,et al. A methodology to extract the component size distributions in interground composite (limestone) cements[J]. Construction and building materials,2016,121:328-337.

[112] OUATTARA D,YAHIA A,MBONIMPA M,et al. Effects of superplasticizer on rheological properties of cemented paste backfills[J]. International journal of mineral processing,2017,161:28-40.

[113] OUATTARA D,BELEM T,MBONIMPA M,et al. Effect of superplasticizers on the consistency and unconfined compressive strength of cemented paste backfills[J]. Construction and building materials,2018,181:59-72.

[114] GALICIA-ALDAMA E,MAYORGA M,ARTEAGA-ARCOS J C,et al. Rheological behaviour of cement paste added with natural fibres[J]. Construction and building materials,2019,198:148-157.

[115] CHHABRA R P,RICHARDSON J F. Non-newtonian fluid behaviour[M]//Non-newtonian flow and applied rheology. Amsterdam:Elsevier,2008:1-55.

[116] ISKHAKOV I, RIBAKOV Y. Ultimate limit state of pre-stressed reinforced concrete elements[J]. Materials and design,2015,75:9-16.

[117] LI L G,KWAN A K H. Wet packing method for blended aggregate and concrete mix [C]//Civil Engineering and Urban Planning 2012. Yantai,2012:827-833.

[118] ZHAO M,ZHANG X,ZHANG Y J. Effect of free water on the flowability of cement paste with chemical or mineral admixtures[J]. Construction and building materials,2016,111:571-579.

[119] WONG H H C,KWAN A K H. Packing density of cementitious materials:part 1: measurement using a wet packing method[J]. Materials and structures,2008,41(4): 689-701.

[120] DENG X J,KLEIN B,HALLBOM D J,et al. Influence of particle size on the basic and time-dependent rheological behaviors of cemented paste backfill[J]. Journal of materials engineering and performance,2018,27(7):3478-3487.

[121] DENG X J, ZHANG J X, KLEIN B,et al. Experimental characterization of the influence of solid components on the rheological and mechanical properties of cemented paste backfill[J]. International journal of mineral processing,2017,168: 116-125.

[122] CHEN B,LIU J Y. Experimental application of mineral admixtures in lightweight concrete with high strength and workability [J]. Construction and building materials,2008,22(6):1108-1113.

[123] AYUB T, KHAN S U, MEMON F A. Mechanical characteristics of hardened concrete with different mineral admixtures: a review [J]. The scientific world journal, 2014, 2014:875082.

[124] 罗云峰. 泡沫混凝土及其应用于制备复合夹芯墙板的研究[D]. 广州:华南理工大学, 2016.

[125] 张志杰. 材料物理化学[M]. 北京:化学工业出版社, 2006.

[126] 谢兴山, 余斌, 杨小聪, 等. 基于 PFC3D 的不同级配尾矿颗粒堆积体孔隙率模拟研究 [J]. 有色金属(矿山部分), 2017, 69(2):10-13.

[127] KWAN A K H, WONG V, FUNG W W S. A 3-parameter packing density model for angular rock aggregate particles[J]. Powder technology, 2015, 274:154-162.

[128] LI L G, KWAN A K H. Effects of superplasticizer type on packing density, water film thickness and flowability of cementitious paste[J]. Construction and building materials, 2015, 86:113-119.

[129] FENG Y, CHEN Q S, ZHOU Y L, et al. Modification of glass structure via CaO addition in granulated copper slag to enhance its pozzolanic activity[J]. Construction and building materials, 2020, 240:117970.

[130] ZHENG Z, LI Y X, ZHANG Z H, et al. The impacts of sodium nitrate on hydration and microstructure of portland cement and the leaching behavior of Sr^{2+}[J]. Journal of hazardous materials, 2020, 388:121805.

[131] STEBBINS J F, DUBINSKY E V, KANEHASHI K, et al. Temperature effects on non-bridging oxygen and aluminum coordination number in calcium aluminosilicate glasses and melts[J]. Geochimica et cosmochimica acta, 2008, 72(3):910-925.

[132] PERUMAL P, NIU H, KIVENTERÄ J, et al. Upcycling of mechanically treated silicate mine tailings as alkali activated binders[J]. Minerals engineering, 2020, 158:106587.

[133] AGUIAR H, SERRA J, GONZÁLEZ P, et al. Structural study of sol-gel silicate glasses by IR and Raman spectroscopies[J]. Journal of non-crystalline solids, 2009, 355(8):475-480.

[134] RADA S, DEHELEAN A, STAN M, et al. Structural studies on iron-tellurite glasses prepared by sol-gel method[J]. Journal of alloys and compounds, 2011, 509(1):147-151.

[135] STOCH L, ŚRODA M. Infrared spectroscopy in the investigation of oxide glasses structure[J]. Journal of molecular structure, 1999, 511/512:77-84.

[136] 栾兰兰. 冷冻带鱼冰晶生长预测模型及分形维数品质评价体系的建立[D]. 杭州:浙江大学, 2018.

[137] KENDALL K, HOWARD A J, BIRCHALL J D. The relation between porosity, microstructure and strength, and the approach to advanced cement-based materials [J]. Philosophical transactions of the royal society of London series A, 1983, 310(1511):139-151.

[138] KUNHANANDAN NAMBIAR E K,RAMAMURTHY K. Air-void characterisation of foam concrete[J]. Cement and concrete research,2007,37(2):221-230.

[139] EL-JAZAIRI B, ILLSTON J M. A simultaneous semi-isothermal method of thermogravimetry and derivative thermogravimetry, and its application to cement pastes[J]. Cement and concrete research,1977,7(3):247-257.

[140] TAYLOR H F W,MOHAN K,MOIR G K. Analytical study of pure and extended portland cement pastes：II, fly ash- and slag-cement pastes［J］. Journal of the American ceramic society,1985,68(12):685-690.

[141] PARROTT L J,PATEL R G,KILLOH D C,et al. Effect of age on diffusion in hydrated alite cement［J］. Journal of the American ceramic society,1984,67(4): 233-237.

[142] 厉超. 矿渣、高/低钙粉煤灰玻璃体及其水化特性研究[D]. 北京:清华大学,2011.

[143] PROVIS J L. Discussion of C Li et al,"a review：the comparison between alkali-activated slag（Si＋Ca）and metakaolin（Si＋Al）cements"[J]. Cement and concrete research,2010,40(12):1766-1767.

[144] LI C,SUN H H,LI L T. A review：the comparison between alkali-activated slag（Si＋Ca）and metakaolin（Si＋Al）cements[J]. Cement and concrete research,2010,40(9): 1341-1349.

[145] RAJAOKARIVONY-ANDRIAMBOLOLONA Z,THOMASSIN J H,BAILLIF P,et al. Experimental hydration of two synthetic glassy blast furnace slags in water and alkaline solutions（NaOH and KOH 0. 1 N）at 40 ℃：structure, composition and origin of the hydrated layer[J]. Journal of materials science,1990,25(5):2399-2410.

[146] FALL M, BENZAAZOUA M. Modeling the effect of sulphate on strength development of paste backfill and binder mixture optimization［J］. Cement and concrete research,2005,35(2):301-314.

[147] FALL M, BENZAAZOUA M, SAA E G. Mix proportioning of underground cemented tailings backfill[J]. Tunnelling and underground space technology,2008, 23(1):80-90.

[148] FALL M, POKHAREL M. Coupled effects of sulphate and temperature on the strength development of cemented tailings backfills：portland cement-paste backfill ［J］. Cement and concrete composites,2010,32(10):819-828.

[149] BAQUERIZO L G,MATSCHEI T,SCRIVENER K L,et al. Hydration states of AFm cement phases[J]. Cement and concrete research,2015,73:143-157.

[150] ODLER I. Hydration, setting and hardening of portland cement ［M］//Lea's chemistry of cement and concrete. Amsterdam:Elsevier,1998:241-297.

[151] CIHANGIR F,AKYOL Y. Mechanical,hydrological and microstructural assessment of the durability of cemented paste backfill containing alkali-activated slag［J］. International journal of mining,reclamation and environment,2018,32(2):123-143.

[152] SCHÖLER A,LOTHENBACH B,WINNEFELD F,et al. Hydration of quaternary

portland cement blends containing blast-furnace slag, siliceous fly ash and limestone powder[J]. Cement and concrete composites, 2015, 55:374-382.

[153] MACHNER A, ZAJAC M, BEN H M, et al. Limitations of the hydrotalcite formation in portland composite cement pastes containing dolomite and metakaolin [J]. Cement and concrete research, 2018, 105:1-17.

[154] MATSCHEI T, LOTHENBACH B, GLASSER F P. The AFm phase in portland cement[J]. Cement and concrete research, 2007, 37(2):118-130.

[155] FISCHER R, KUZEL H J. Reinvestigation of the system $C_4A \cdot nH_2O-C_4A \cdot CO_2 \cdot nH_2O$ [J]. Cement and concrete research, 1982, 12(4):517-526.

[156] PACHECO-TORGAL F, CASTRO-GOMES J, JALALI S. Alkali-activated binders: a review. Part 1. Historical background, terminology, reaction mechanisms and hydration products[J]. Construction and building materials, 2008, 22(7):1305-1314.

[157] MARATHE S, SADOWSKI Ł, SHREE N. Geopolymer and alkali-activated permeable concrete pavements: bibliometrics and systematic current state of the art review, applications, and perspectives [J]. Construction and building materials, 2024, 421:135586.

[158] PACHECO-TORGAL F, CASTRO-GOMES J, JALALI S. Alkali-activated binders: a review. Part 2. About materials and binders manufacture[J]. Construction and building materials, 2008, 22(7):1315-1322.

[159] BEN H M, LOTHENBACH B, LE S G, et al. Influence of slag chemistry on the hydration of alkali-activated blast-furnace slag: part I: effect of MgO[J]. Cement and concrete research, 2011, 41(9):955-963.

[160] ODLER I, RÖßLER M. Investigations on the relationship between porosity, structure and strength of hydrated portland cement pastes. II. Effect of pore structure and of degree of hydration[J]. Cement and concrete research, 1985, 15(3):401-410.

[161] ÇAKIR Ö, AKÖZ F. Effect of curing conditions on the mortars with and without GGBFS[J]. Construction and building materials, 2008, 22(3):308-314.

[162] MANIKANDAN R, RAMAMURTHY K. Influence of fineness of fly ash on the aggregate pelletization process[J]. Cement and concrete composites, 2007, 29(6):456-464.

[163] CHINDAPRASIRT P, JATURAPITAKKUL C, SINSIRI T. Effect of fly ash fineness on compressive strength and pore size of blended cement paste[J]. Cement and concrete composites, 2005, 27(4):425-428.

[164] FRIDJONSSON E O, HASAN A, FOURIE A B, et al. Pore structure in a gold mine cemented paste backfill[J]. Minerals engineering, 2013, 53:144-151.

[165] JIN S S, ZHANG J X, HAN S. Fractal analysis of relation between strength and pore structure of hardened mortar[J]. Construction and building materials, 2017, 135:1-7.

[166] 姚燕,王昕,颜碧兰,等.水泥水化产物结构及其对重金属离子固化研究进展[J].硅酸盐通报,2012,31(5):1138-1144.

[167] CHEN J J,THOMAS J J,TAYLOR H F W,et al. Solubility and structure of calcium silicate hydrate[J]. Cement and concrete research,2004,34(9):1499-1519.

[168] CONG X D,KIRKPATRICK R J. ^{29}Si MAS NMR study of the structure of calcium silicate hydrate[J]. Advanced cement based materials,1996,3(3/4):144-156.

[169] 刘超,韩斌,孙伟,等.高寒地区废石破碎胶结充填体强度特性试验研究与工业应用[J].岩石力学与工程学报,2015,34(1):139-147.

[170] MüLLER M,LUDWIG H M. Dolomite powder as SCM:impact on salt frost scaling resistance[M].[S. l. :s. n.],2019.

[171] DAMASCENI A,DEI L,FRATINI E,et al. A novel approach based on differential scanning calorimetry applied to the study of tricalcium silicate hydration kinetics [J]. The journal of physical chemistry B,2002,106(44):11572-11578.

[172] YIILMAZ T,ERCIKDI B. Predicting the uniaxial compressive strength of cemented paste backfill from ultrasonic pulse velocity test[J]. Nondestructive testing and evaluation,2016,31(3):247-266.

[173] MORETTI J P,SALES A,QUARCIONI V A,et al. Pore size distribution of mortars produced with agroindustrial waste[J]. Journal of cleaner production,2018,187:473-484.

[174] JIANG H Q,FALL M. Yield stress and strength of saline cemented tailings in sub-zero environments:portland cement paste backfill [J]. International journal of mineral processing,2017,160:68-75.

[175] GOUGHNOUR R R,ANDERSLAND O B. Mechanical properties of a sand-ice system[J]. Journal of the soil mechanics and foundations division,1968,94(4):923-950.

[176] HOOKE R L,DAHLIN B B,KAUPER M T. Creep of ice containing dispersed fine sand[J]. Journal of glaciology,1972,11(63):327-336.

[177] TING J M. The creep of frozen sands:qualitative and quantitative models[D]. Cambridge:Massachusetts Institute of Technology,1981.

[178] JOSHI R,WIJEWEERA H. Post peak axial compressive strength and deformation behavior of fine-grained frozen soils[J].[S. l. :s. n.],1990.

[179] WIJEWEERA H,JOSHI R C. Compressive strength behavior of fine-grained frozen soils[J]. Canadian geotechnical journal,1990,27(4):472-483.

[180] POWERS T C. A discussion of cement hydration in relation to the curing of concrete [J]. Highway research board proceedings,1947,27:178-188.

[181] FANG K. Cost optimization of cemented paste backfill:state-of-the-art review and future perspectives[J]. Minerals engineering,2023,204:108414.

[182] ANDERSON D M,MORGENSTERN N. Physics,chemistry and mechanics of frozen ground:a review [C]//Proceedings of the Second International Conference on

Permafrost,1973.

[183] VYALOV S,TSYTOVICH S. Cohesion of frozen soil[R]. [S. l. ;s. n.] ,1955.

[184] MARDANI-AGHABAGLOU A, ANDIÇ-ÇAKIR Ö, RAMYAR K. Freeze-thaw resistance and transport properties of high-volume fly ash roller compacted concrete designed by maximum density method[J]. Cement and concrete composites,2013, 37;259-266.

[185] BENZAAZOUA M,OUELLET J,SERVANT S,et al. Cementitious backfill with high sulfur content physical,chemical,and mineralogical characterization[J]. Cement and concrete research,1999,29(5);719-725.

[186] BONAVETTI V L,RAHHAL V F,IRASSAR E F. Studies on the carboaluminate formation in limestone filler-blended cements[J]. Cement and concrete research, 2001,31(6);853-859.

[187] ZHANG S Y,REN F Y,GUO Z B,et al. Strength and deformation behavior of cemented foam backfill in sub-zero environment[J]. Journal of materials research and technology,2020,9(4);9219-9231.

[188] HIVON E G,SEGO D C. Strength of frozen saline soils[J]. Canadian geotechnical journal,1995,32(2);336-354.

[189] STUCKERT B J A,MAHAR L J. Role of ice content in the strength of frozen saline coarse grained soils[R]. [S. l. ;s. n.] ,1984.

[190] HESSE C, GOETZ-NEUNHOEFFER F, NEUBAUER J. A new approach in quantitative in situ XRD of cement pastes;correlation of heat flow curves with early hydration reactions[J]. Cement and concrete research,2011,41(1);123-128.

[191] JANSEN D, GOETZ-NEUNHOEFFER F, LOTHENBACH B, et al. The early hydration of ordinary portland cement (OPC);an approach comparing measured heat flow with calculated heat flow from QXRD[J]. Cement and concrete research, 2012,42(1);134-138.

[192] JANSEN D, GOETZ-NEUNHOEFFER F, STABLER C, et al. A remastered external standard method applied to the quantification of early OPC hydration[J]. Cement and concrete research,2011,41(6);602-608.

[193] ANTIOHOS S,PAPAGEORGIOU A,TSIMAS S. Activation of fly ash cementitious systems in the presence of quicklime. Part Ⅱ;nature of hydration products,porosity and microstructure development[J]. Cement and concrete research, 2006, 36 (12); 2123-2131.

[194] ZHANG S Y,YANG L,REN F Y,et al. Rheological and mechanical properties of cemented foam backfill;effect of mineral admixture type and dosage[J]. Cement and concrete composites,2020,112;103689.

[195] ZHANG G, YANG H L, JU C, et al. Novel selection of environment-friendly cementitious materials for winter construction;alkali-activated slag/portland cement [J]. Journal of cleaner production,2020,258;120592.

[196] BRIENDL L G, MITTERMAYR F, BALDERMANN A, et al. Early hydration of cementitious systems accelerated by aluminium sulphate:effect of fine limestone[J]. Cement and concrete research,2020,134:106069.

[197] VON HELMHOLTZ R. Untersuchungen über dämpfe und nebel,besonders über solche von lösungen[J]. Annalen der physik,1886,263(4):508-543.

[198] BULLARD J W,JENNINGS H M,LIVINGSTON R A,et al. Mechanisms of cement hydration[J]. Cement and concrete research,2011,41(12):1208-1223.

[199] STEIN H N. Thermodynamic considerations on the hydration mechanisms of Ca_3SiO_5 and $Ca_3Al_2O_6$[J]. Cement and concrete research,1972,2(2):167-177.

[200] DAMIDOT D, LOTHENBACH B, HERFORT D, et al. Thermodynamics and cement science[J]. Cement and concrete research,2011,41(7):679-695.

[201] HARGIS C W, TELESCA A, MONTEIRO P J M. Calcium sulfoaluminate (Ye' elimite) hydration in the presence of gypsum,calcite,and vaterite[J]. Cement and concrete research,2014,65:15-20.

[202] ROCHA J H A, TOLEDO F R D. Microstructure, hydration process, and compressive strength assessment of ternary mixtures containing portland cement, recycled concrete powder,and metakaolin[J]. Journal of cleaner production,2024, 434:140085.

[203] ZHANG X L, ZHANG S Y, LIU H, et al. Disposal of mine tailings via geopolymerization[J]. Journal of cleaner production,2021,284:124756.

[204] 杨宇江,庄文广,王照亚,等. 基于强度折减法的地下采场稳定性分析[J]. 东北大学学报(自然科学版),2011,32(6):864-867.